愿以本系列丛书敬献每一位关注并践行“建筑中国60年”历程的朋友

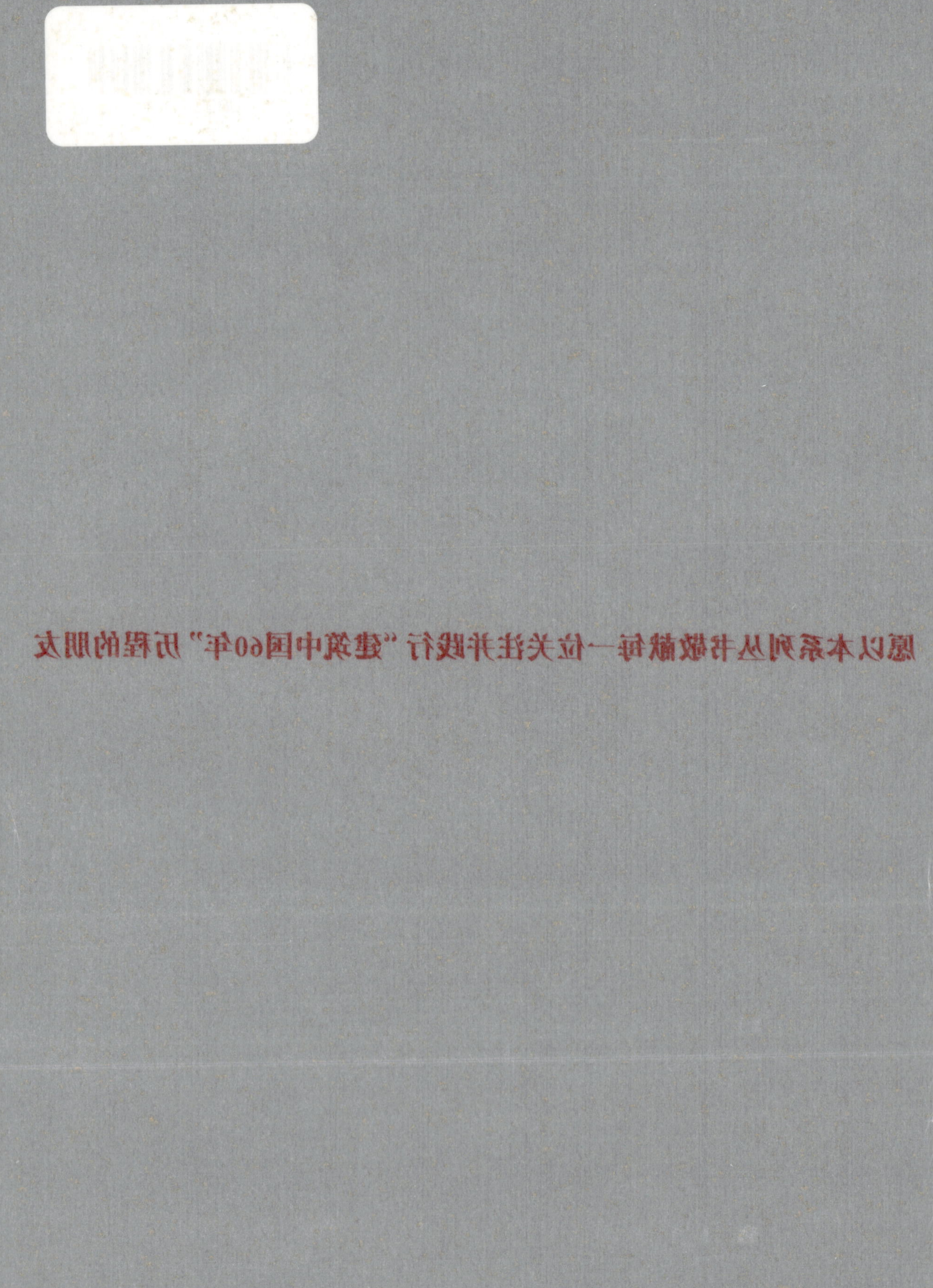
愿以本系列丛书献给每一位关注并践行"建筑中国60年"历程的朋友

建筑中国六十年

作品卷

天津大学出版社

图书在版编目(CIP)数据

建筑中国六十年·作品卷/《建筑创作》杂志社编。天津：天津大学出版社，2009.9

ISBN 978-7-5618-3188-5

Ⅰ.建… Ⅱ.建… Ⅲ.建筑设计—作品集—中国—现代

Ⅳ.TU-092

中国版本图书馆CIP数据核字（2009）第152958号

策划编辑 金 磊 韩振平

责任编辑 韩振平 郭 颖

版式设计 涂家昌

封面设计 胡珊瑚

出版发行 天津大学出版社

出 版 人 杨 欢

地 址 天津市卫津路92号天津大学内（邮编：300072）

电 话 发行部：022-27403647

邮 购 部 022-27402742

网 址 www.tiup.com

印 刷 北京华联印刷有限公司

经 销 全国各地新华书店

开 本 185mm×250mm

印 张 23.25

字 数 575千

版 次 2009年9月第1版

印 次 2009年9月第1次

定 价 168.00元

“建筑中国六十年”系列丛书编委会

序：建筑设计历甲子

今年是我们共和国的60华诞，干支轮回整整一个甲子。我们是这60年历程的亲历者，我们亲眼目睹，并亲身感受了这60年中国家所发生的天翻地覆的变化，中国从一个满目疮痍、百废待兴的落后穷国，建设成一个生机勃勃、繁荣富强的新兴大国。这里有一组简单的对比数据，或许可以简略地反映出这一巨大变革：

总人口：5.42亿（1949年），13.2亿（2007年）；

国内生产总值：1 015亿元（1952年），300 670亿元（2008年）；

人均GDP：119元（1952年），22 674元（2008年）；

粮食总产量：1.1亿吨（1949年），5.28亿吨（2008年）；

固定资产投资额：43.6亿元（1952年），137 239亿元（2007年）；

城镇化水平：10.64%（1949年），43.9%（2006年）；

城镇人口：0.576亿（1949年），5.77亿（2006年）；

高等学校在校生人数：11.7万（1949年），2 005万（2007年，包括在校本科生和研究生）；

……

这些数字充分说明了这60年是全国人民同甘共苦的60年，攻坚克难的60年，硕果累累的60年。利用60年大庆的契机，各行各业也都要回顾盘点一下自己行业、部门的奋斗史、发展史。在中国建筑学会建筑师分会的指导和北京市建筑设计研究院的大力支持下，《建筑创作》杂志社经过精心策划，和天津大学出版社通力合作，推出了“建筑中国六十年”系列丛书（以下简称“建筑60”）。这套丛书是以全新的视角对建筑行业、建筑文化诸领域的全面回顾和审视，具有其重要的时代意义、社会意义和历史意义。

严格说“建筑60”系列可称为中华人民共和国国史（简称“国史”）研究的一个小小组成部分。尽管史学界对于国史、当代史、现代史的许多理论问题还有争论，但自十一届三中全会以后，国史研究逐渐开展起来，并作为中国史研究的一个分支而日趋成熟。1990年成立了当代中国研究所、中华人民共和国国史学会，创办了《当代中国史研究》刊物。此后各省市、各部门相继成立了相关机构，相关的通史、专题史、地方志、年谱、汇编等陆续问世。其中有代表性的就是由胡乔木同志倡议、中共中央书记处批准、中宣部部署、中国社会科学院组织实施的“当代中国”大型丛书，从1983年启动，经过十余年的努力，在1999年完成了24大类152卷的鸿篇巨制，为国史研究提供了系统翔实的资料。又如北京市从1988年启动地方志的编写，最后完成35卷107册，全面深入地记述了北京自然与社会的历史和现状。但上述各丛书有关事件的叙述和史料的收集也多止于20世纪90年代。

与官方主编的大型丛书、志书相比，民间或个人的传记、年谱、回忆、汇编也随国史研究的开展不断问世。历史学家们认为历史应尝试从更多的角度、用更多样的方法来加以复原和阐释，历史应是众多合力作用的结果。官方修史比较看重把政治层面的因素看做推动历史发展的关键动力，或按照一定通史框架限定而决定取舍，但自下而上的民间视角，把一些过去人们比较容易忽略的民间的、普通底层的思想和记忆纳入研究范畴，扩展了反映的深度和广度，使历史的复原更为全面。生活在时间之中的人们有讲述历史的权利和能力，也能够对过去发生的事实表达自己的认知，“建筑60”就是这样一部由有责任心和使命感的建筑媒体自下而上策划的建筑设计行业的大型丛书，就行业来说恐怕也是空前的一次总结、回顾和传播活动。在编选过程中传来消息，在中宣部、新闻出版总署的组织下，经过充分论证，“建筑60”丛书选题已入选“庆祝新中国成立60周年百种重点图书”选题，表明这一民间活动完全与主流活动合拍，这对丛书的主编、出版单位，都是极大的鼓励和支持。

法国著名作家维克多·雨果说：“人类没有任何一种思想不被建筑艺术写在石头上。”人类创造的建筑和城市是当之无愧的人类文明纪念碑。经过建筑行业全体员工60年的栉风沐雨，建筑业已经成为我国国民经济的重要支柱产业，大量投资通过建筑业的转化，形成了促进国民经济长期发展的固定资产和现实生产力，并极大地改善了城市面貌，提高了人民居住水平。所以在“当代中国”丛书的24大类中，专门列出了基本建设和建筑两大类。北京地方志中也有城乡规划卷（4册）、建筑卷（1册）、市政卷（13册）。即便如此，对于为共和国发展作出巨大贡献的建筑业的宣传和表彰还很不够，社会上对这一行业的认识也有待提高。最近中央有关部门联合组织开展评选“100位为新中国成立作出突出贡献的英雄模范人物和100位新中国成立以来感动中国人物”活动，经组委会审定，推荐公布了300名候选人的事迹，但其中没有一名从事建筑业的先进人物，也没有从事建筑设计的先进人物，更没有从事建筑设计的代表人物，这不能不说是很大的遗憾。

至于建筑业中的建筑设计行业，是一个充满活力、推崇原创的创意产业，建筑设计的龙头和引领作用已越来越为人们所认识。据2006年统计，全国有工程勘察设计单位14 264个，企业全年营业收入3 714.42 亿元，从业人员112.07万人。由于建筑作品本身是技术与艺术的综合，是物质与精神的载体，是观念和价值的体现，建筑创作既要研究和表现技术、艺术、材料方面的综合性和普遍性，又要因时、因地、因势而表现出本身个性和特殊性，由于要表现和维护特定的价值观念和社会利益，也常常带有意识形态的色彩。如何表现长达60年跨度的这一跌宕起伏的行业，也是对丛书编者、策划者的极大挑战。我国各类史书，主要采取编年体、纪传体和本末体三大体裁，近代以来又增加了章节体，这些体裁各有个性也有其局限性。如《北京志·城乡规划卷》中的建筑工程设计志则按建筑设计、建筑技术、建筑科研、建筑管理四章加以叙述，许多方面没有涉及。“建筑60”在策划过程中经过多次研讨，最后决定用事件卷、机构卷、作品卷、人物卷、评论卷、遗产卷、图书卷共七卷的内容来表现这一行业的60年历史。从内容上看，它已包含了这一行业的主要方面；从体裁体例上看，它综合了前述各种体裁形式的特点。它因事制宜，其中既有时序明晰的编年体，也有人物回忆口述的纪传体，更有跨越专题、综合表现的章节体，叙述来龙去脉的本末体。这样，既有纵向的发展，也有横向的沟通；既有专题上的深入，也有多方位的视角；既有创作者的坎坷道路，也有建筑师的精神档案。总之，多样化的形式都围绕着如何更有利于建筑设计这一行业的学术传播，更有利于社会对建筑和建筑师的了解，更有利于读者的广泛化和非专业化。梁启超先生在提出新史学时，强调要努力“使国民察知现代之生活与过去、未来之生活息息相关”，亦即我们研究的视线要下移，要广拓。丛书的编辑强调“不去寻找60年与建筑设计相关的最喜之事、最痛之事、最悲之事、最无端之事、最扑朔迷离之事，而要总结那些60年来最可引发思考之事，最可代表建筑界社会贡献及影响力的事件，并从中汲取今日方向”，希望社会上各行业更关注建筑，扶植建筑，爱护建筑，传播建筑，从而为我国的建筑设计行业在国内外争得更多的话语权。

史学和建筑学都是知识最密集的学科，因此在较短时间内编辑这样一套大型丛书的难度是可想而知的。记得在此前的一次策划研讨会上我曾半开玩笑地说，这套丛书中的任一个子课题都可以作为博士论文的极好题目。但由于年代的久远（至少已是两代人），因时代和形势的影响，许多档案和资料并未完整地保留下来；因许多重要当事人的故去，也失去了宝贵、鲜活的第一手口述史料或回忆。此前在许多史实上造成事实不清，以讹传讹，再加上本丛书的编写人员大都相对年轻，缺乏对60年当中一些重要时段的亲身感受，诸多困难不言而喻。但他们有年轻人的激情和干劲，最后在这个年轻团体的通力合作下，在各界的大力支持下，终于较好地完成这一工作。这里也需要提及当代建筑史学的一些先行者，像资深老编审杨永生先生，一直关心建筑史料、人物的钩沉，尤其自1979年《建筑师》创刊后即关注资料的积累，在1998年后又策划推出了“建筑百家丛书”，从言论、史料、回忆、评论、书信诸方面做了大量工作。又如以清华大学陈志华教授、天津大学邹德侬教授等人为代表的治中国现代、当代建筑史的史家（杨永生先生主编的《建筑史解码人》中列出了我国治中外建筑史的学者、教授共77人，但研究现代、当代建筑史的人不多），尤其是邹教授积二十余年的功力，完成了《中国现代建筑史》巨著，填补了国内有关现代建筑史的空白。此外中国艺术研究院近年也有《中国建筑艺术年鉴》出版。策划编辑“建筑60”这套丛书的《建筑创作》杂志社自1989年6月成立以来，即注意建筑历史和文化方面的文字和资料的积累，出版了建筑界人物和作品方面的系列书籍，如“新设计作品100丛书”、“设计文化丛书”、“建筑学人自选系列丛书”、

“BIAD设计作品丛书”、《中国青年建筑师188》、《创作者自画像》、《石阶上的舞者》等。从2005年起陆续推出了《中国建筑设计年度报告》，在2008年，为纪念我国改革开放三十年，又策划并组织了百余位建筑界人士撰文，出版了《1978~2008 中国建筑设计三十年》，积累了大量史料和文图，并对重要事件、作品、人物进行了一定深度的梳理和盘点，为“建筑60”丛书的出版打下了较好的基础。

盛世修史。历史关系到民族之生存、治国之需要，以至明辨是非，惩恶扬善；历史又是精神的宝库、智慧的源泉。但历史认识本身又具有时代性、间接性、相对性，人们依靠自己的经历理解历史，对历史有选择地吸收，所以列宁说：“认识是思维对客体的永远没有止境的接近。”在60年中，我们取得了巨大的成就，但在前进道路上也充满了曲折、反复和挫折，我们正是在不断总结经验的道路上前进的。孔子说：“六十而耳顺。”历史的回顾也不应回避我们的失误，忽视取得的教训。记得1989年国务院经济技术社会发展研究中心在总结新中国前30年发展的历史教训时，提出了三点：频繁的政治运动延误了我国的发展进程；经济建设急于求成，反而欲速则不达；人口迅速膨胀成为经济发展的负担。近30年从城市和建筑的发展看，也不断受到权力和利益的干预和干扰，党和国家也在不断加以警示，如针对价值观和发展观上的问题提出科学发展观；针对浮躁心态、急功近利强调全面、协调、可持续；针对表面文章、“政绩工程”提出要关注民生；针对铺张浪费、奢华排场提出要勤俭节约、精打细算；针对崇洋逐外，唯“新”唯“奇”提出要弘扬先进文化，注重地方特色和历史文化。总之，要结合国情，务实求真，这些对建筑设计行业同样具有指导意义。在未来的岁月里，尽管还会有新的问题，会遇到新的矛盾，但“以史为鉴”，通过对60年的回顾，我们的城市和建筑在科学、理性、求实的道路上定能更健康地发展和壮大。

严格说，对这样一套表现60年建筑行业的大型丛书而言，我并不是作序的适宜人选，因为自参加工作至今我才经历了44年，只了解一些事物的表面和局部，所以此文只能说是就“丛书”的出版发表自己的一点感想罢了。

马国馨

中国工程院院士

中国建筑学会副理事长

全国工程建设勘察设计大师

2009年7月

《建筑中国六十年·作品卷》
《建筑创作》杂志社/主编
天津大学出版社/出版
2009年9月

金融街（北京）

重庆嘉陵江夜景

奥林匹克公园中心区下沉广场（北京）

南京建筑群

广州天河体育中心

大连建筑群

天津新建筑群

深圳新建筑群

天津新建筑群

西安

北京CBD新建筑

上海新建筑群

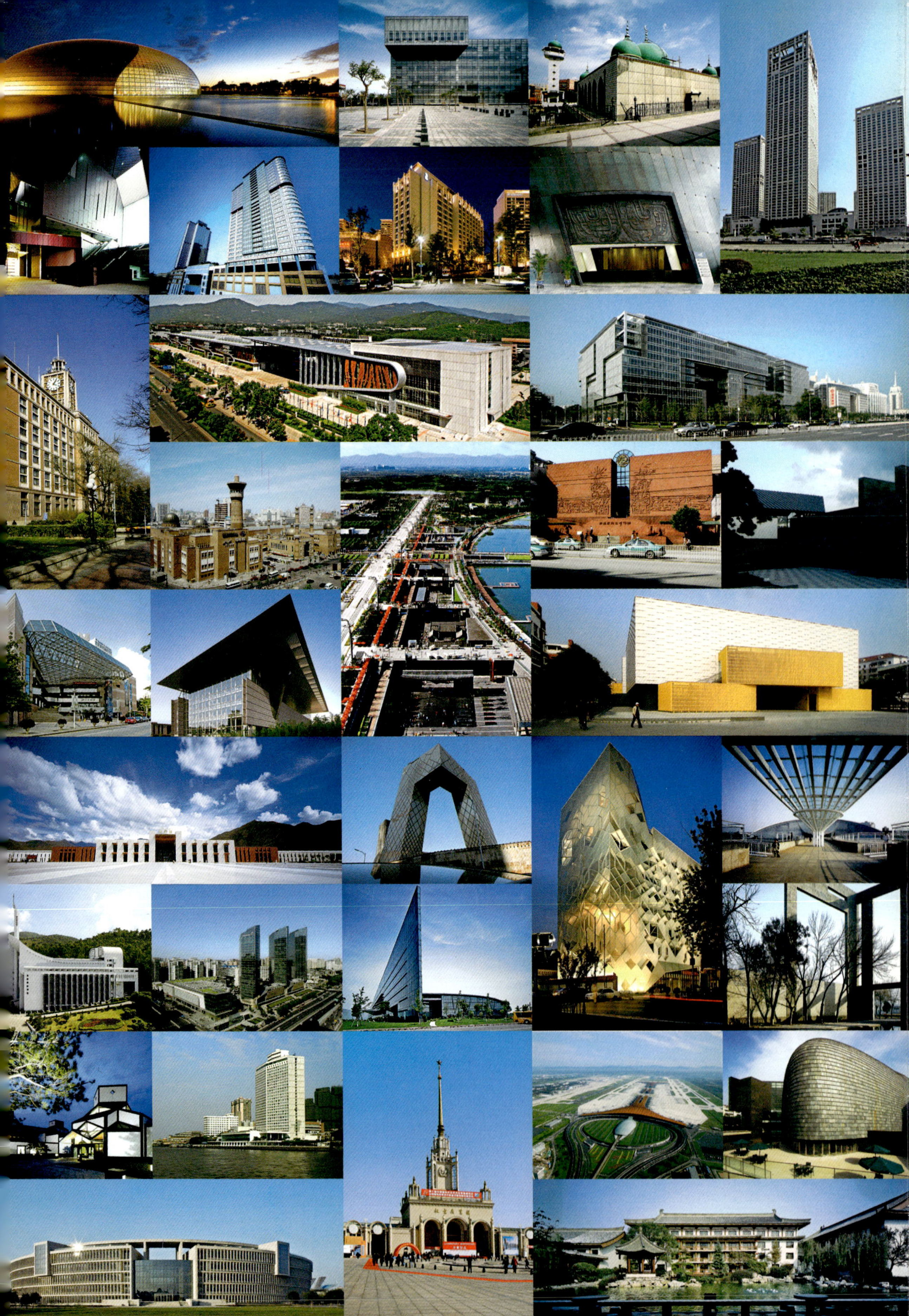

前言

60年，这就人生岁月而言，应算是比较漫长的了，但对于国家的发展历史来说，却是一瞬间的事儿。然而，正是这跨越新旧世纪的60年，我们国家的面貌发生了翻天覆地的变化。而作为文化、历史载体的建筑，自然也让人无限感慨。诚如雨果在《巴黎圣母院》里所描述的那样："这个可敬的建筑物的每一个面、每一块石头，都不仅是我们国家历史的一页，并且也是科学史和艺术史的一页。"

60年中国建筑的发展道路是崎岖不平、艰难曲折的。这期间，前27年经历了国民经济恢复时期、"一五"计划建设时期、"大跃进"和三年调整时期、设计革命和"文化大革命"时期。在这个特定的历史时期内，政治运动不断，极"左"思潮持续，形而上学泛滥。作为生产力组成部分的、包括建筑设计在内的建筑科学受到极大干扰，甚至摧残。所以，出现学习苏联时的教条主义建筑、继承传统口号下的复古主义建筑、"以阶级斗争为纲"的政治标签式建筑等，也就不足为奇了。值得庆幸的是，涉及国计民生的建筑，毕竟还会以顽强的生命力，在逆境中去寻找自己生存的绿洲。正如邹德侬教授在《中国现代建筑史》中所说的"地域性建筑"和"现代性建筑"，就是那个动荡时代所显示出的建筑生命力征象所在。这个特定历史时期已载入中国现代建筑史册的那些代表作品，会使我们永远感到慰藉、光荣和自豪。

从1979年开始，随着全国工作重点正式走上社会主义现代化建设轨道，新中国这后30年的建筑发展，便和改革开放的国家命运紧密联系在一起了。近30年来，我国建筑创作领域的长足进步与初步繁荣，是我们许多人始料未及的。我们经历了解放思想、开拓视野和比较、鉴别、求索、反思的过程。建筑设计体制的改革、注册建筑师制度与国际的接轨、设计竞争机制的形成、建筑设计市场的开放、创作激励方式的多样、高等建筑教育的发展、海外建筑学子的回归、建筑人才梯队的建设、高端学术研究的展开、国外建筑理论的传入、中外学术交流的频繁、畅所欲言的评论与争论以及建筑文化传播的欣欣向荣等，这些都是前30年难以想象的事情！正是那汹涌澎湃的改革开放浪潮，荡涤了一切陈规陋习和保守观念，为繁荣建筑创作创造了必要而充分的条件，让我们迎来了中华建筑园地百花齐放的春天。无论是幅员辽阔、多姿多彩的本土建筑，还是漂洋过海、播种友谊的援外建筑以及那些凝结着外国建筑师与中国建筑师智慧与心血、携手合作创造的建筑，不仅让我们从一个侧面，亲眼看到了改革开放以来国家欣欣向荣的景象，而且，也让我们亲身体验到了，这60年来我们所走过的道路，正是追求和探索繁荣建筑创作客观规律的道路。

目录
Contents

20世纪90年代，曾担任城乡建设环境保护部部长的叶如棠先生，在为《当代中国建筑师》丛书写的前言中说：“新中国揭开了中国建筑历史的新篇章。几代中国建筑师的地位日渐提高，新老接力，茁壮成长，在空前广阔的建筑舞台上，充分施展其才能，在纷繁似锦的学术百花园里争芳吐艳，为祖国的繁荣昌盛做出了应有的贡献，也极大地推进了中国建筑文化的发展，并使中国建筑开始走出国门，中国建筑师的成就也开始为世人所注视。”面对成绩，我们自然会意识到重温“万里长征的第一步”“任重而道远”这些先辈教导的必要性。已走向21世纪新一代的中国建筑师，要面对的不仅会有各种光环和诱惑，而且，还有许多至今尚未解决的难题，譬如，如何从建筑本体、建筑文化、建筑艺术、建筑方法和建筑归宿去深入探索建筑创作的真谛？如何从可持续发展的战略眼光和远大目标，认真地去善待环境和城市，让建筑能“叶落归根”，真正融于普世价值所需要的“朴素而真实的文化”之中？当然，还有，我们如何才能在“恢复对中国建筑设计的主导权”的同时，还“能够以善于解决在资源匮乏的条件下创造高度发展的文明与文化的经验”，从而在真实意义上去走向世界？

《建筑中国六十年·作品卷》的出版，无论怎样去评价它的正面意义都不为过，它真实地记录了我们所走过的艰难而曲折的路程，并将给我们带来许多新的思考，在此我们衷心感谢著名建筑传媒机构BIAD《建筑创作》杂志社全体同仁为该书出版所付出的极有价值的辛勤劳动。本人受《建筑创作》杂志社之托写此序言，不当之处，恳望各位同行和各界读者不吝指教。

布正伟 2009年8月19日
中国建筑学会·建筑师分会建筑理论与创作学组主任委员
中房集团建筑设计有限公司资深总建筑师

Cooperative Design 合作设计

理念篇

建筑中国60年：建筑创作发展历程分析

2009年是新中国建国60周年，60年来中国建筑创作之路凝结了几代建筑师的心血与努力。从1949年中华人民共和国成立为中国建筑发展揭开了新的篇章开始，到2008年成功举办奥运会，中国建筑创作经历了4个历史阶段：现代建筑的短暂自发延续与民族形式的主观追求、建筑技术的革新与社会主义建筑新风格探索、改革开放与繁荣建筑创作、多元并存与回归本土。在这4个阶段中，分别留下了许多优秀的经典作品，虽已时过境迁，但仍有许多是值得今天建筑师认真思考并学习的方面。值此60周年之际，对影响中国建筑发展的建筑创作作品进行系统的梳理，旨在记录那些曾经辉煌的片断，为今后建筑的蓬勃发展奠定坚实的基础，并为建筑师今后的建筑创作提供更多值得借鉴的经验。

（一）1949—1957年：现代建筑的短暂自发延续与民族形式的主观追求

1949—1957年，中国建筑经历了由现代建筑的短暂自发延续（1949—1952年）向民族形式的复兴（1953—1957年）转变的阶段，在建筑师的不断探索、创新中，中国建筑由民族形式的复兴逐渐出现了更加简约的形式。

“国民经济恢复时期”的中国建筑设计延续了1949年以前的一些创作理念与方法，自发地设计出一批典型的现代建筑，适应于现代建筑的外部环境，造就了现代建筑的自发延续。1949—1952年中国现代建筑正是处于自发延续阶段，建设规模小、建筑类型集中、建设速度快、政府干预较少、苏联影响渐入等恰恰成就了这一阶段建筑发展方向。同时，城市市民和城市贫民阶层的居住条件急需改善，因此政府决定在各大中城市以较少的投资建设大量的“工人新村”，如上海曹杨新村、北京百万庄住宅区等。

为解决各行各业办公需求，在几年之内迅速建起一批办公建筑，其数量在当时新建公共建筑所占比例位居首位，建筑形式方面受苏联影响很大，如北京政府大楼。此外，已经开始着手对旧有剧

上海曹杨新村幼儿园

上海闵行居住区

重庆市人民大礼堂

和平宾馆

首都剧场

北京友谊宾馆

北京"四部一会"办公楼

场进行改扩建，并重点维修了一批新的剧场和工人文化宫，引人注目的重庆西南人民大会堂在同期建成，并且在20世纪50年代末建成了大量质量相当好的剧场，如西安人民剧院、北京首都剧场、乌鲁木齐人民剧院等。在教育建筑方面，新建高等院校的总体规划多在中间布置教学区，左右分别为教工生活区和学生生活区，教学区则多采用中轴线对称、高主楼加左右配楼的布局，千篇一律，缺乏多样化。

此外，苏联援建工业项目为中国提供了许多工业建筑设计的经验，通过这类工程设计实践，锻炼出了一批掌握大型工业企业设计的技术队伍，并为中国工业建设发展和设计力量的培养奠定了坚实的基础。长春第一汽车制造厂是苏联援建的机械工业项目中最大的工厂，采用了当时比较先进的预制装配式钢筋混凝土结构形式。当然，苏联援建的项目中也有许多缺乏对中国国情的深入了解，以至于难以适应灵活的工艺变化，造成日后使用和发展的不便。同时，在中国《建筑学报》所转载的重要苏联建筑理论文章中提到：建筑的内容不是功能，而是思想，最能反映思想的是艺术。因此，在建筑创作过程中，苏联建筑在艺术方面的追求清晰可见。“社会主义内容、民族形式”口号的提出，将建筑创作从理论上引向了重视思想意识的道路。梁思成在《中国建筑的特征》一文中所提到的中国建筑的9个特征中，有5个特征与建筑屋顶有着直接的关系。

这一阶段的中国建筑民族形式复兴是中国现代建筑史上三次民族形式复兴的高潮之一，在这一轮民族形式复兴高潮中，中国本土的建筑师为探索“社会主义建筑形式”做出了很多的努力，也构成了这一轮民族形式建筑创作作品的最大特点。在当时的历史环境下，社会主义建筑形式是建筑创作的基本目的要求，因此建筑师在建筑实践中反复对于建筑的“社会主义”内容进行探讨与分析，并因此形成了20世纪50年代中国建筑有别于其他历史时期的建筑特点：其一，用代表社会主义内容的符号取代传统建筑符号；其二，通过标语、口号等文字符号强调建筑的纪念意义；其三，通过雕塑、绘画等艺术手段达到建筑的“社会主义内容”的实现，如中国人民革命军事博物馆、北京苏联展览馆入口。

这次中国建筑民族形式复兴，恰恰体现了中国建筑史在创作社会主义建筑形式的环境下的一次积极探索，也在一定程度上，体现了在人们思想中再一次建立的民族主义信念。而“社会主义内容，民族形式”的实现是以民族古典主义形式，综合运用相关绘画、雕塑等手段，将建筑塑造成为社会主义的纪念碑。但由于对于思想层面内容的过度追求，导致了这一时期的建筑向着纪念性、形式主义方向发展，反而对于建筑创作的发展起到了很大的局限作用。虽然这一轮的民族形式复兴高潮并没有持续很长的时间，但对中国建筑创作的意义是不容忽视的，甚至1959年的国庆十大建筑都深受其影响。对于建筑艺术思想性的强调也在创作指导方针中沿用了许多年，甚至在此后20世纪90年代民族形式又一轮复兴高潮中都仍然能看到这一轮建筑创作手法的一些影子。因此，20世纪50年代中国建筑民族形式复兴不仅让我们对于中国传统文化更加地尊重与重视，也为今后的建筑创作起到了很好的推动与促进作用。

北京饭店西楼

上海鲁迅纪念馆

全国政协礼堂

(二) 1958—1976年：中国建筑技术的革新　社会主义建筑新风格探索

1958—1976年，中国建筑经历了“双革”运动、首都“国庆十大工程”、新风格的追寻、“设计革命运动”、“文革”等一系列的过程，虽然其中的某些时期导致中国建筑发展停顿或发展缓慢，但不容忽视的是，在中国建筑师的不断努力下，这段时间留下了许多值得称颂的优秀建筑作品，为改革后的中国建筑发展奠定了坚实而有力的基础。

王府井百货大楼

北京天文馆

建筑技术革新、革命在今天的我们看来似乎属于非科学的一面，“双革”运动主要有两个出发点：一是提高速度，一是节约材料。“双革”运动初期，建筑技术活动还在合理的范围内进行，但后期革新逐渐开始走向越来越“左”的方向，同时施工事故屡屡发生。

北京电报大楼

20世纪50年代末期，世界各国都进入新的建筑发展时期，中国也恰好在此时进入“大跃进”时期，与世界各国掀起的探索新结构和新技术的热潮相吻合。新的结构形式为中国建筑师在建筑造型方面的困惑提供了恰到好处的答案：相同的现代结构，也可以有完全不同的“民族形式”。这一时期对建筑结构的开发主要体现在4个方面：一是标准化与装配化，二是薄壳结构，三是悬索结构，四是构筑物的新结构。如

全国农业展览馆

民族文化宫

人民大会堂

中国革命历史博物馆

北京工人体育馆

中国人民革命军事博物馆

华侨大厦（旧华侨大厦已拆）

民族饭店

民族饭店的预制装配结构，北京火车站的双曲扁壳，全国农业展览馆的各个新结构的陈列馆。

1959年，为庆祝中华人民共和国成立10周年，政府决定在首都北京建设10个大型项目。1958年9月5日确定工程的建设任务，10月25日陆续放线、挖槽开工，仅仅用了1年的时间，到1959年9月，全部完成了人民大会堂、中国革命历史博物馆、中国人民革命军事博物馆、北京火车站、北京工人体育场、全国农业展览馆、钓鱼台国宾馆、民族文化宫、民族饭店、华侨大厦共10座建筑。不可否认的，在“大跃进”时期诞生的首都“十大建筑”，是一个时期建筑的里程碑。50年后的今天，依然如此。无论是建设投入的人力、物力、财力，还是建筑技术的复杂和施工所遇到的难题，首都“十大建筑”在仅仅一年的时间里建成是一个奇迹，它是新中国成立10年的建筑纪念碑。这是一次全国性质的建筑设计的群众运动，正是由于集中了全国的设计和施工的精英，“十大建筑”的设计、施工和建筑内容都是当时最高水准，在今天看来仍然有许多值得借鉴、学习之处。

建筑界在批判复古主义之后，曾一度过分强调节约，几乎完全忽略了建筑艺术问题，建筑创作思想沉闷，国庆工程设计激起了建筑界对中国现代建筑风格的新探寻。1959年5月18日到6月4日在上海召开了住宅标准及建筑艺术座谈会，会后刘秀峰发表了《创造中国的社会主义的建筑新风格》一文。1961年关于“新风格”的探讨是一次完全由官方发起的建筑理论学术讨论活动，这次争鸣活动的主要论题包括：什么是建筑风格；建筑风格的决定因素；新材料、新技术和建筑风格的关系；中国的社会主义建筑新风格的创作原则和方法；建筑的基本特征；建筑艺术问题（包括建筑的双重性、思想性、美观）；建筑的内容和形式等。谈论的结果受到刘秀峰的《创造中国的社会主义的建筑新风格》的直接影响，具有极其鲜明的时代特征。

“文革”开始，中国建设基本停顿，各设计单位工作也基本瘫痪，广大建筑工作者，特别是高级技术人员和领导干部，几乎毫无例外地受到严重冲击，他们的主要罪名是“反动学术权威”和“走资本主义道路的当权派”，而中国的建筑发展也受到前所未有的冲击。就建筑活动而言，“文革”是一个特殊的历史时期。从宏观上看，全国范围内都处于一种动荡的混乱状态，但就局部而言，建筑活动仍旧是断断续续地在进行的。“文革”中的建筑活动可以概括为：政治性、地域性、领域性、现代性。其中，“政治性建筑”的基本特征：一是建筑的功能是宣传“毛泽东思想”和“路线斗争”；二是让建筑设计表现具体政治内容。具体手法包括形象的明喻和数字的暗喻。“地域性建筑”具有双层含义：一是建筑反映当地的自然条件和风土人情；二是建筑师对国情有深刻的理解，真的是反映当时当地的国情国力。

1976年毛泽东逝世，同年毛泽东纪念堂最终选址于天安门广场，1977年5月落成，占地57 000多m^2，总建筑面积为28 000m^2。毛泽东纪念堂是改革开放前重大项目的总结，也为天安门广场地面上的政治建筑画上了一个句号。

中国美术馆

韶山毛主席旧居陈列馆

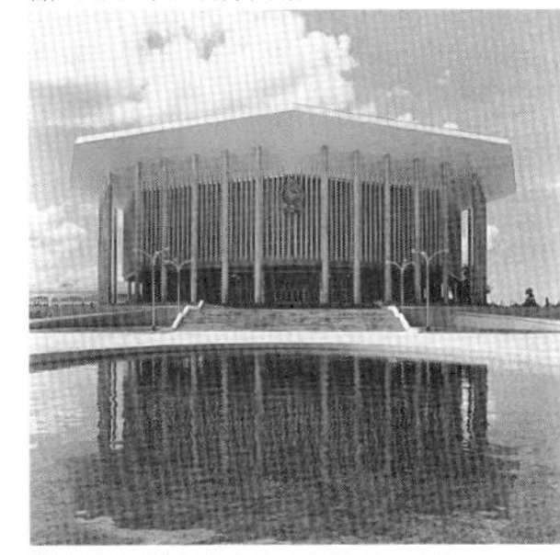

斯里兰卡班达拉奈克国际会议大厦

(三) 1977—1999年：改革开放·繁荣建筑创作

1976年10月“文革”结束，1977—1978年国民经济处于“洋跃进”状态，这一阶段促使中国各行业大规模引进国外的成套设备，高速度、高积累、低效益、低消费的套路最终导致了这段时间中国国民经济始终无法迈向一个新的台阶。

长沙火车站

1979—1989年的10年中国社会发生了巨大的变化，对建筑领域而言，影响最大的莫过于政治影响的逐渐消退，经济影响迅速上升到主导地位。由于长期以来从事设计工作的环境受到政治运动的干扰，建筑创作实践中的一些学术、技术问题被搁置，最终导致建筑创作大环境受到政治、意识形态等方面问题的制约，建筑创作作品也就无法达到理想水平，甚至许多项目都是在指标不够、投资不足的前提下运行和完成的。1979年8月全国勘察设计工作会议召开，推翻了“文革”期间对建筑界的一切污蔑不实之词，并提出“繁荣建筑创作”的口号。

毛主席纪念堂

方塔园

这10年出现了继20世纪50年代初引进苏联建筑理论之后的第二次理论引进高潮，其中包括6个“理论制高点”：拨乱反正阶段、现代建筑的再认识、后现代建筑的宣传、对建筑技术的关注、有折中倾向的论述、建筑文化热的兴起。这次高潮与以往不同之处是并没有太

银川南关清真大寺

上海龙柏饭店

武夷山庄

侵华日军南京大屠杀遇难同胞纪念馆

阙里宾舍

新疆人民会堂

突尼斯青年之家

加纳国家剧院

多的政治干涉，建筑创作环境充满了主动性和积极性。关于中国现代建筑定位与发展方向的争论始终没有停止，有人认为中国建筑之所以“千篇一律”，是现代建筑造成的，而有人却认为，之所以“千篇一律”正是由于没有真正实现现代建筑的缘故。这一时期中国建筑理论受到一些外来理论的冲击，中国建筑师在不断面临新问题的同时，也在不断地解决中国建筑创作发展中存在的诸多问题，比如后现代主义理论的进入、计算机辅助设计的引进、解构主义带来的剧烈震撼等。

20世纪70年代援外建筑有一个高潮，初步形成了适应援外工作需要的配套组织体制以及工程勘察、设计、施工等管理体制，并培养了一批有着丰富援外工作经验的各种专业人员。80年代以来，尤其是1982年在北京召开的全国首次对外承包工程、劳务合作工作会议上，胡耀邦提出援外工作“守约、保质、薄利、重义”的指导思想，自此援外建筑工作进入再一次高潮。中国建筑师在建筑创作中释放出个性的力量，推进了援外建筑发展的进程，优秀作品比比皆是，如突尼斯青年之家，用“类型学”原理，将阿拉伯建筑最典型的部件归纳、提炼、升华、抽象、淡化处理后用于新建筑上，并赋予新的意义与功能，产生新的形象；加纳国家剧院，设计者将创作程序归纳为“理性和意象的复合过程=创造”；埃及开罗国际会议中心，两座圆形主体建筑源于城市环境和文脉，达到了建筑的高层次追求等。

另外，在20世纪80年代后中国建筑创作的基本特征是多样性，建筑师再次开始关注到地域建筑，并掀起了继50年代、60年代、70年代后的第四次地域建筑浪潮，并且取得了较为显著的成效。这类建筑创作作品中，许多设计是以建筑所处环境、地方文化特征为依据，从而确定建筑形式的，其中典型的优秀作品有北京香山饭店、曲阜阙里宾馆、临潼华清宾舍、清华大学图书馆扩建等。

中国园林方面，在20世纪80年代正式走出国门，走向世界。1980年在纽约大都会艺术博物馆内建成的“明轩”，以苏州园林特有的魅力和精湛的工艺，震撼了大洋彼岸的人们。1983年参加德国慕尼黑国际园艺展建造的“芳华园”获得金奖。1984年英国利物浦国际园林节建造的“燕秀园”获得该次园林节最高荣誉。自此，世界各地许多国家和地区陆续建造了各种风格的中国园林。这一时期的园林建筑主要可以分为以下几个类型:①在继承中国古典园林系统理论的基础上,营建景园或建筑群,如北京紫竹院、陶然亭等;②深度结合城市园林风格建设,在传统的基础上运用现代材料设置景点,从而达到改善城市环境的目的,如合肥环城公园等;③创造新园林体系,但仍旧还是要从传统出发;④修复古代名园、名楼,如黄鹤楼、岳阳楼等。

旅馆建筑在这一时期绽放出了最为美丽的光芒,既是最先起步的建筑类型,又是最早引进国外建筑大师作品的领域。建国饭店、香山饭店、金陵饭店、长城饭店、广州白天鹅宾馆等都是这一时期旅馆建筑的优秀典范,它们所体现的旅馆建筑设计观念至今仍旧值得我们分析、学习。其中建国饭店、香山饭店、金陵饭店、长城饭店都是由海外建筑师设计,自新中国成立以来,这是首次。

另外,中国城市住宅在这一阶段建设剧增,但由于诸多因素导致这一时期的住宅质量并不高。这次住宅建设的再起步,主要通过以下几个方式来实现:开拓投资渠道,促进数量增长;商品化新概念,要求标准调整;从竞赛看转型,新概念的出现;开辟多种渠道,回归人本精神。中国住宅规划设计实践的概念和手法,使得住宅摆脱由不合理的外界条件限制所造成的人本精神的丧失。此时中国开始对住宅类型进行更新,为不同城市、人口结构、职业、年龄和生活习惯的居民,提供不同类型的具有适应性的住宅,同时,注重提供完善、便利的生活环境,如住宅周边基础设施配备齐全、出行交通便捷、周边绿化环境良好等。将城市文脉延伸到城市住宅的设计中,例如北京菊儿胡同新住宅,为四合院文脉的延伸做出了非常好的榜样,并成为城市文脉延伸的典范。

建筑设计正式步入市场化进程后,商业化倾向必然成为反映相对突出的方面。从早期的北京长城饭店到90年代中后期的上海商城和北京新东安市场,恰恰反映了当时商业建筑在各种类型的建筑建设中所占的重要位置。随着建筑设计商业化进程的迅速发展,在加剧设计市场竞争的同时,对建筑设计质量的提高也起到了相当重要的促进作用,并使得中国建筑创作多元化倾向更加明显。因此,在建筑创作市场进一步商业化的同时,建筑创作呈现出了多元化面

埃及开罗国际会议中心

日本奈良文化村

深圳体育馆

香山饭店

杭州黄龙饭店

广州白天鹅宾馆

貌，后国际式、风格派、新装饰风格、新古典主义、新艺术运动式甚至后殖民风格建筑成为中国各大、中型城市中心的风景线。

20世纪90年代，中国建筑师处于一个极为特殊的历史时期，在矛盾中寻找着自己的方向。新时期的现代建筑的设计原则是功能性、科学性、经济性、真实性、空间化、理性化，新时期的许多优秀建筑，都是在遵循此原则的基础上，并渗透新的观念与意识，因此在设计水准方面，呈现出新面貌。许多类型的建筑中都出现了非常优秀的现代建筑作品。

体育建筑进入了全面升级的新境界。随着亚运会的举办和奥运会的申办，场地规模继续扩大、活动坐席和附属场地不断增多，比例不断增大，这意味着人们活动场地的增多和场馆利用率的增加，例如北京奥体中心、广州天河体育中心。另外，体育建筑开始逐步注重功能设计，向多功能方向发展，主要体现在增加体育活动项目，加入文艺，展览元素，扩大场地规模等方面，如天津体育中心体育馆等。

交通建筑除了建筑规模日益增大、功能性逐渐复杂外，在体量与造型上都有十分显著的飞跃性进步。新时期的交通建筑一扫往日的千篇一律的造型，在追求建筑本身性格特点的同时，更将地方性作为追求的重点，如沈阳铁路北站、北京西站、重庆江北机场航站楼等。

1973年邵氏基金会成立，此后的20余年间，资助内地教育建筑无数，主要以教学楼、图书馆为主。由于创作环境较宽松，束缚较少，因此建筑形式在克服千篇一律方面起到了很好的促进作用，如华南理工大学逸夫学馆、天津大学科学图书馆、上海同济大学建筑与城市规划学院教学办公楼、中房集团培训中心、上海图书馆、深圳科学馆等。

在博物馆、展览馆类建筑的创作方面，建筑现代性追求方面的进步清晰可见。特别是一些博物馆类建筑，并没有按照常规的民族形式的创作道路走，而是走出了一条新的道路。结果是现代的，也是中国的，如北京国际展览中心、侵华日军南京大屠杀遇难同胞纪念馆、西汉南越王墓博物馆、炎黄艺术馆、上海博物馆、自贡恐龙博物

长城饭店

北京建国饭店

菊儿胡同新四合院住宅

北京新东安市场

国家奥林匹克体育中心

广州天河体育中心

北京西客站

馆等。

工业建筑在这一时期也有较为显著的发展与进步，特别是1991年成立了中国建筑学会建筑师分会工业建筑专业学术委员会，并举办了许多学术活动和设计实践，为工业建筑创作注入了新的生机与活力。一方面消除了长期以来对于工业建筑不需要艺术问题的误解；另一方面通过新技术、新手段逐步完善工业建筑的功能、环境等需求，并采用民用建筑设计手法，进行工业建筑设计，如华录电子有限公司（大连）等。另外，建筑环境保护意识逐渐深入人心，并将环境意识作为设计或评价建筑的重要标准之一，视建筑环境为创作的出发点。这种创作中的环境意识主要体现在与自然相协调和人文景观场所创作两方面。如黄山云谷山庄、敦煌航站楼、深圳华侨城华夏艺术中心等。

1995年，中国开始实行注册建筑师制度，并于1997年开始正式实行执业签字制度。注册建筑师制度是对建筑师个人专业资格的规范化认证。目前国家实行的是单位资质与个人资质并行的管理体制，但随着投资体制的改革、勘察设计行业体制改革和人事制度改革的进一步深入，将逐步由单位资质管理为主转到个人资质管理为主并在实行执业制度的专业领域内淡化或取消专业职称。无可厚非的，注册建筑师制度对中国建筑市场的发展产生了极其深远的影响。

（四）2000—2009年：多元共存　回归本土

2000年迄今，由于北京第29届奥运会及2010年上海世博会的建设需求，由于境外设计事务所的大量涌入，特别是“海归派”的出现，为中国建筑创作缔造了全新的发展空间。

2001年我国加入世界贸易组织后，在建筑设计咨询业的对外承诺上，为外国建筑师进入中国建筑市场提供了保证。中外合作设计就是建筑多元共存的现状，大量实例说明，与世界优秀设计公司的合作，能够迅速提高国内设计单位的建筑创作的整体水平，在尽可能短的时间里吸引并学习国外的设计方法和管理模式，不断接触到新的理念和方法，以提高自身竞争力。与享有国际声誉的国外设计机构合作是全球化的需要，也是让中国建筑走向世界的标志。中外合作设计的出现，

上海图书馆

中国国际展览中心2-5号馆

侵华日军南京大屠杀遇难同胞纪念馆

西汉南越王墓博物馆

北京炎黄艺术馆

上海博物馆新馆

四川自贡恐龙博物馆

北京SOHO现代城

北京植物园展览温室

中国科学院图书馆

上海青浦区体育馆

国家体育场

天津体育中心体育场

国家大剧院

使得中国设计机构全过程地走进国外设计单位，促进了多元化设计机构的形成。这些设计机构在近10年里为中国设计了许多经典的、优秀的建筑作品。

中国建筑创作的发展在2000年以后呈现出多元化发展的格局，并且建筑设计作品类别更加的丰富，许多建成的项目呈现出浓厚的地域特色，这些创作在汲取西方建筑特点的同时，一直在多元共存、回归本土设计的道路上努力。在北京、上海、天津、深圳等城市，涌现出大量的优秀作品，其中有大规模的城市综合体建筑，也有符合当时、当地人们生活需求的、注重细节推敲的人性化设计作品。

在北京，悠久的历史文化与国际国内政治中心的碰撞，迅速涌现出了一批可以代表国家形象以及国家发展的建筑，将我国国际化都市的形象与豪放、大气的建筑风格展现在世人面前，“鸟巢”、国家大剧院、CCTV新址等建筑的出现，推动了中国建筑设计、技术等诸多领域的发展。

在素有中国建筑师前沿阵地的上海，在吸取西方现代建筑精华的同时，注重建筑的时尚感以及创意，无数摩天大楼拔地而起，一次次刷新中国、亚洲，乃至全世界的纪录，成为中国建筑经济腾飞的见证。2002年12月3日，经国际展览局大会投票表决，中国获得2010年世博会举办权。这是注册类世界博览会首次在发展中国家举行，体现了国际社会对中国改革开放道路的支持和信任，也体现了世界人民对中国未来发展的瞩目和期盼。作为首届以“城市”为主题的世界博览会，在上海世博会184天的展期里，世界各国政府和人民将围绕“城市，让生活更美好”这一主题充分展示城市文明成果、交流城市发展经验、传播先进城市理念，从而为新世纪人类的居住、生活和工作探索崭新的模式，为生态和谐社会的缔造和人类的可持续发展提供生动的例证。2010年世博会为中国建筑师的建筑创作带来了新的思想与灵感，从各方面刺激了中国建筑创作的创新与和谐。

在中国西部，探索民族形式和西部城市特点方面独具特色，一批优秀的新疆建筑充满了伊斯兰以及西域地区民族特色，在大型现代建筑中建筑师巧妙地使用了民族符号，让建筑适宜于当地自然条件，让不同宗教文化并存，让现代化与地方发展条件并存。例如新疆国际大巴扎具有浓郁的伊斯兰建筑风格，在涵盖了建筑的功能性和时代感的基础上，重现了古丝绸之路的繁华，集中体现了浓郁的西域民族特色和地域文化。

大量的国际化大型建筑纷纷落成，引发了人们对于20世纪50年代初“适用、经济、美观”建筑方针的再次关注。而2004年保罗·安德鲁设计的巴黎机场候机楼2E的坍塌立即引起了人们对外国建筑师设计作品的关注，同时带来了对外国建筑师大量进入中国建筑市场的担忧，出发点是不能使中国成为“外国人的实验场”，不能使中国的建筑创作成为发展商的商品。诚然，在大量的建设中，存在一些不尽如人意的作品，但这并不代表可以抹杀外国建筑师为中国带来的建筑技术、理念与启发。实际上，这种忧虑的出现恰恰说明了中国的建筑创作正在朝着探索并追寻中国建筑文化内涵的方向发展。

2008年奥运会结束，中国进入后奥运时期，2008年底世界金融危机爆发，在这种大环境下，中国建筑应该朝着怎样的方向发展，如何做到多元并存、回归本土，都是中国建筑目前面临的重要课题和新的挑战。

CCTV新址

上海金茂大厦与环球金融中心

上海世博会中国馆

新疆国际大巴扎

首都机场T3航站楼

新保利大厦

北京华贸中心

作品篇

天安门广场建筑群

天安门广场与人民英雄纪念碑

在天安门广场的规划过程中，主要考虑因素为功能性质、规模以及周围建筑高度等基本特征。广场定位为政治集会、欢聚歌舞和缅怀烈士的地方，由高大建筑围合起广场空间，此空间为对称布局，人民大会堂与中国革命历史博物馆分居广场两侧，一虚一实，一轻一重，相得益彰。

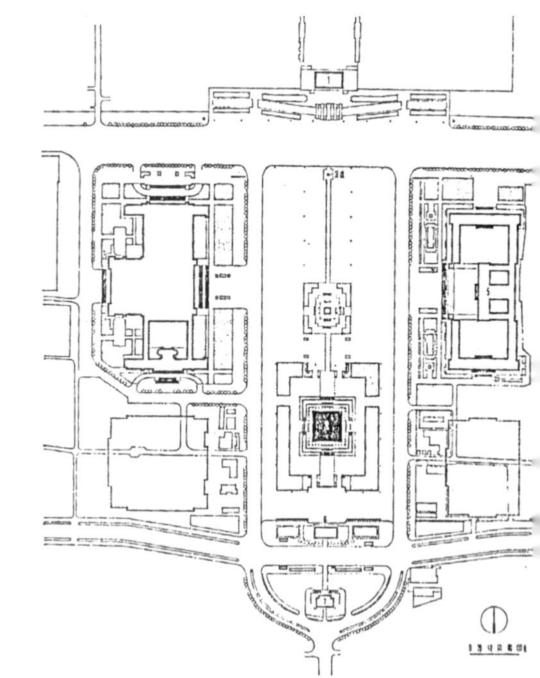

1949年9月30日毛泽东在天安门广场为人民英雄纪念碑奠基，1952年8月1日动工兴建，1958年4月竣工，同年“五一”国际劳动节举行了隆重的揭幕典礼。 纪念碑立在广场中央，其高度以及同周围建筑的距离，权衡得当。设计者是梁思成、刘开渠等所代表的一批建筑师和雕塑家。人民英雄纪念碑造型庄重宏伟，雕刻精致，记载着自鸦片战争以来的重要事件，此碑的建造对各地纪念碑的设计发展具有极为深远的影响。

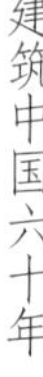

结万岁

人民大会堂

人民大会堂的建设是1958年10月周恩来总理亲自主持的，首先确定采用北京市建筑设计研究院建筑师赵冬日、沈其的方案设计，并委任张镈为总建筑师，朱兆雪负责结构设计，那景负责设备部分，电气则以王时为主。为了在1959年10月前交工使用，时间极其紧迫，不得不采用边设计、边施工的方法，从设计、施工到竣工仅用了280天。人民大会堂工程规模之大，功能要求之高，结构、安全、电信、机电、设备、庭园、绿化、道路、市政管线等专业要求之复杂，设计施工周期之短，工程组织公众配合之高效严密，在我国是史无前例的。

在讨论人民大会堂方案时，梁思成提出“中而新”的建筑创作思想目标。因此人民大会堂建筑在艺术处理方面充分考虑到了与天安门广场、天安门城楼相协调、呼应，设计颇具创新。另外，如何掌握好尺度是这座超大型建筑设计过程中的一个重要课题。

人民大会堂的落成对各地会堂建筑起到了领导性的影响，各地相继兴建会堂建筑，形式上对人民大会堂进行模仿。该建筑在1993年荣获《中国建筑学会优秀建筑创作奖》(1953—1988年)。

中国革命历史博物馆

中国革命历史博物馆（现为“中国国家博物馆”）是由北京市建筑设计研究院建筑师张开济主持设计，位于天安门广场东侧，与西侧的人民大会堂遥相呼应，是中国传统的“左祖右社”布局方式的延续。建筑面积65 152m^2，南北长149 m，东西长313 m。在解决采光、照明、参观流线、交通、陈列等一系列的复杂功能要求方面取得了一定成果。

为适应展览路线的需要，采用院落式布局形式。建筑中，南部为历史博物馆，北部是革命博物馆，中部院子有空廊通向广场，后部为中央大厅，是整座建筑的交通枢纽。由于所有展室线形排开，导致参观路线不畅，功能方面受到影响，空间设计因此缺少发挥的空间。在门廊等重要部位进行了民族形式的处理。例如两个博物馆共用的大门造型取意中国古代的石头牌坊，给人挺拔、通透的感觉，既宏伟壮观，又不失民族色彩，柱廊为海棠角的方柱，与人民大会堂的圆柱形成对比。

执行党的外交路

毛主席纪念堂

1976年9月9日，毛泽东主席逝世，10月9日，中共中央决定在首都北京建立毛主席纪念堂。纪念堂位于天安门广场中轴线上，中心点距人民英雄纪念碑、正阳门各200 m，以求在保持独立建筑的同时，又与周围建筑形成紧凑布局效果。设计集中了全国8个省市的建筑师、美术家代表的力量，综合比较最终确定。形式上没有遵循以往的大屋顶的中国古典形式和现代简约的造型，而是定位为“新而中”的折中式。总平面采用正方形形式，保证从天安门广场的任何一个角度看纪念堂都是完整的感觉。

毛主席纪念堂的设计和建设，是对改革开放以前官方领导的重大项目的最后总结，设计过程中体现了集体创作的高度协调性。纪念堂是一个在特定政治条件下的建筑现象，成为天安门广场政治建筑群中最后的一座建筑。

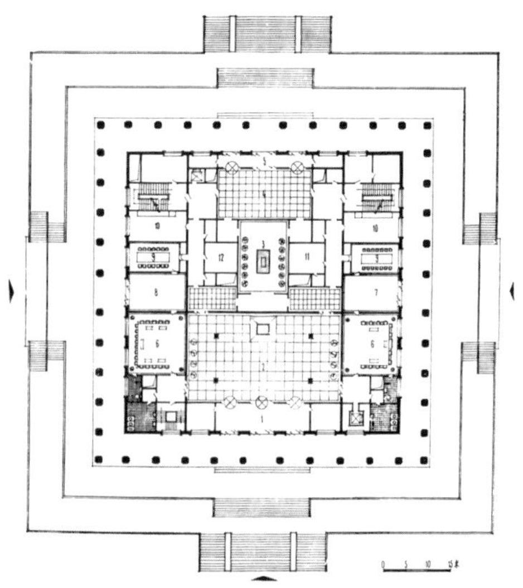

毛主席纪念堂

本土建筑

北京儿童医院

北京儿童医院位于北京市月坛南街南侧，医院为集中式布局。主楼4层，屋顶的檐头出挑轻巧，阳台栏杆上检阅点出中国传统建筑纹样，略呈中国传统建筑余韵。山墙错落开窗，烟囱水塔合二为一，并以方塔造型加以装饰，成为建筑群的制高点。1952年中国尚处在国民经济恢复期，经济困难给建筑创作带来很多约束。北京儿童医院恰当地运用了现代建筑方法、功能合理、经济实用，适应了国民经济恢复时期的要求。同时，力求探寻中国现代建筑的形式，是当时抛开传统大屋顶建筑探索中国现代建筑的优秀实例，是该时期探索中国现代建筑的力作。1993年与武汉医学院医院一起获得《中国建筑学会优秀建筑创作奖》(1953—1988年)。华揽洪在“反右”前针对中国建筑发展所提出的看法今天仍然很值得深思，他说：“(民族形式)这个问题不是三言两语谈得完的……当前建筑方面关键性问题并不是建筑艺术形式表现的问题，是标准问题。首先问题就是根据我国目前现有的条件和要求，根据我们的经济情况与人民实际生活水平，来决定城市建设中各种类型建筑的比重和建筑物的内容，再研究建筑的形式，脱离了这点来谈艺术形式就是本末倒置。”

北京饭店西楼

北京饭店西楼是建国初期为开展国际交往活动，在老北京饭店西侧扩建的招待外国贵宾和举行大型宴会的国家级宾馆，是当时东长安街上第一幢新建大型公共建筑。20世纪50年代中期经过批判复古主义与形式主义后，旅馆中的大屋顶逐渐减少，但在“社会主义内容、民族形式”的思想影响下，仍然认为建筑必须具有民族特色。

北京饭店西楼设计具有现代建筑的体量，没有采用此间流行的大屋顶。建筑师较好地解决了新建筑与特殊的建筑环境的协调问题，同时满足了“民族形式”的要求，在广场和厨房等具体的功能处理上，达到了当时的高水平，为后来的同类建筑设计提供了范例。

饭店东面与仿文艺复兴式的老北京饭店相连，西侧对着故宫建筑群。西楼主入口采用中国传统牌楼和石柱建筑的基因，设计成高耸的柱廊和重檐的中心主入口，突出其国家宾馆的气质，与原钟楼的西洋传统建筑风格取得和谐的整体效果。

饭店平面呈“L”形，有214间（套）客房，428个床位。首层为可容纳1 000多人的大宴会厅和配套厨房。立面设计由于充分地与原有建筑相协调，成为当时乃至以后注重城市文脉的典范，在设计中吸纳了原北京饭店的特色元素，并灵活、恰当地运用到了新建筑的立面设计之上，相似之中也存在区别。

通过加强新楼的轴线对称感和体量感形成与要求相符的严肃和庄重的效果的设计手法。由于建筑师戴念慈当时担任北京苏联展览馆设计的中方代表，因此在北京饭店西楼的设计中，可以看到苏联建筑创作方针的影响。建筑的门厅采用了古代皇宫大殿的装饰，富丽堂皇。建筑的基本功能处理良好，成为一个时期旅馆设计的依据。

室内设计具有强烈的中国传统特色。在功能布局方面，饭店的厨房部分设计得较好，在此后二三十年间，一直是北京的各大饭店学习的榜样。利用地下层布置与餐厅不直接发生关系的部分，节省了地面面积，并使烹调间可自然采光和通风，服务员与餐厅联系方便。西餐厨房制作间与送菜的宽走廊之间是长长的玻璃隔断柜台，使用十分便利。该建筑在1993年荣获《中国建筑学会优秀建筑创作奖》（1953—1988年）。

北京友谊宾馆

北京友谊宾馆位于北京西郊，总建筑面积2.4万m^2，客房及公寓式套房1 900套，分为5栋客房楼，是接待苏联专家的招待所，设计定位为大型公寓旅馆。当时“社会主义内容，民族形式”的创作方针正在推行，建筑师摒弃对北京流行的宫殿式琉璃瓦大屋顶的模仿，转而利用普通的地方性建筑材料，反映传统建筑的文化内涵。建筑沿用竖向的“三段式”，分基座、墙身和屋顶。首层和台阶、平台构成体现须弥座比例的基座，包括宝瓶栏杆及吐水构件等细部，饰以白色水刷石，均能体现出传统建筑构件的神韵。屋顶采用歇山形式，虽有举折，但为普通豪式屋架垫成；中部加了十字交叉屋脊的歇山屋顶，山花朝前，脱胎于正定兴隆寺摩尼殿之抱厦；屋脊的吻兽改用和平鸽，保持传统吻兽的轮廓。采用机制灰色板瓦，是当时最普通的屋面材料。檐口下部和歇山山花略施彩绘，显出传统建筑在色彩方面的积极处理态度。该建筑是在当时条件下运用一般材料探讨“民族形式”的典型作品。建筑平面与空间尺度均较大，曾被认为是有民族特色，且有足够气势，也因此深受好评。但在后来的“反对建筑中的浪费现象”中，被指责为“华而不实”，批判友谊宾馆为“某些建筑师思想上形式主义与复古主义的反映”。

友谊宫
FRIENDSHIP PALACE

北京“四部一会”办公楼

北京“四部一会”办公楼建于1955年，是建国后首批建造的大规模政府办公楼工程之一。总体规划为一个大的建筑楼群，已建成的办公楼只是其中的一部分，由一栋主楼和两栋配楼组成，总建筑面积84 906m^2，地下2层，主楼地上6层，中部为9层，配楼地上5层，四角部分高7层，是国内最高的砖混结构建筑。

总平面采用当时比较盛行的周边式布局，平面布置的特点是大进深，以求节约土地、材料和能源。建筑外形具有明显的民族形式，每座配楼各有一个重檐歇山大屋顶和两个重檐攒尖大屋顶。主楼则有一个更为高大的重檐歇山大屋顶，整个建筑群起伏有序，形成丰富的建筑轮廓线。

建筑外墙全部为清水砖墙面，底层基座及大屋顶檐下额枋均为假石面，大屋顶局部用琉璃瓦，大片墙面的窗户内陷，以显建筑厚实稳健。该建筑是1949年后第一批民族形式建筑中较具代表性的作品。

上海虹口公园鲁迅纪念馆和鲁迅墓

为纪念伟大的革命家、文学家鲁迅先生逝世20周年，经中央文化部批准，将鲁迅墓由沪西万国墓移至位于鲁迅故居附近的虹口公园。无论是公园，还是纪念馆，都继承了中国造园艺术中优秀的设计手法，平面采用灵活的布局方式，充分考虑交通路线、环境等群众活动的需求。鲁迅纪念馆总建筑面积为2 659 m^2，分为展览部分和辅助部分，展览部分充分解决观众的交通路线以及不同房间的室内高度不同的问题。陈列平面采用4.4m模数。立面采用绍兴的地方风格，在细节处理上着重体现乡居风趣，如灰瓦、粉墙、马头山墙等。

整体设计没有使用纪念性建筑常用的对称、轴线等手法，而是注重体现建筑的灵巧、轻盈，恰恰符合鲁迅先生蔑视权贵、接近民众的性格。另外，在鲁迅墓的设计中，完全摒弃了浮华的雕饰，着重气魄与布局上的匀称性，正是鲁迅先生刚毅、坚强、庄严而不夸张的人格写照。虽在建设初期惹来了一些争议，但随着时间的推移，历史证明了它的品质与意义。

北京电报大楼

北京电报大楼是当时我国国内与国际的通信枢纽，也是新中国成立后我国第一幢自行设计和施工的中央通信枢纽工程，是长安街第一座大型公共建筑，建筑面积2.0586万m^2，主体7层，连塔12层，塔顶高73.37 m。电报大楼是在毛泽东主席提出的“百花齐放、百家争鸣”的“双百方针”背景下创作设计的，正因为如此，设计中并没有“民族形式”的影子，而是采用以前被批判为“资产阶级结构主义”的现代建筑手法，是在批判“复古主义”的同时，努力开拓中国现代建筑风格的优秀建筑。建筑的功能性强、技术复杂，有高效率的工艺运转。建筑立面除了用一些简单的线条作为构图要素之外，没有其他复杂的装饰花纹，三段式立面构图以及对比例关系的强调，不仅体现出了建筑师创作中的力求平稳、简洁的手法，还体现了古典意味。大楼中部用混凝土隔片增加阴影，与其他部分墙面形成虚实对比关系，突出营业大厅的入口，同时响应上部钟楼。钟楼一扫古典风格，全新现代气象，造型线条挺拔，形象明快，其花格窗装饰也是当时流行做法。该建筑在1993年荣获《中国建筑学会优秀建筑创作奖》（1953—1988年）。

民族文化宫

民族文化宫是20世纪50年代首都“国庆十大工程”之一，该建筑是用来介绍展出各民族历史、文物、生产、生活情况，即供各族人民进行文化艺术交流的场所，设有陈列56个民族历史文物的博物馆，收藏少数民族图书的图书馆，设有少数民族语言翻译设备的会议厅，设有各种文娱活动设施的俱乐部和经常展出少数民族地区经济、文化建设成就的展览馆。总建筑面积为3.2万m^2，平面呈“山”字形，东西宽186 m，南北纵深105 m，正面辟有绿化广场。建筑中部塔楼地上13层，高67 m，中部主体的屋顶主次配合，两翼建筑呈三层台状，对高塔起到了烘托作用。民族文化宫是传统建筑与现代建筑理念在高层建筑中有机结合的成功范例。

该建筑是张镈先生在创作中再一次实现了梁思成先生的“建筑可译论”的主张，是梁思成先生在高层建筑中探讨民族形式建筑理想的实证，并且其着意表现富有浪漫色彩的天际线手法恰恰体现了梁思成先生所认为的“中国建筑之美体现在那徒手画线条般的轮廓线上”。民族文化宫是当时在高层建筑中用民族形式探索新尝试的典型代表。该建筑在1993年荣获《中国建筑学会优秀建筑创作奖》(1953—1988年)。

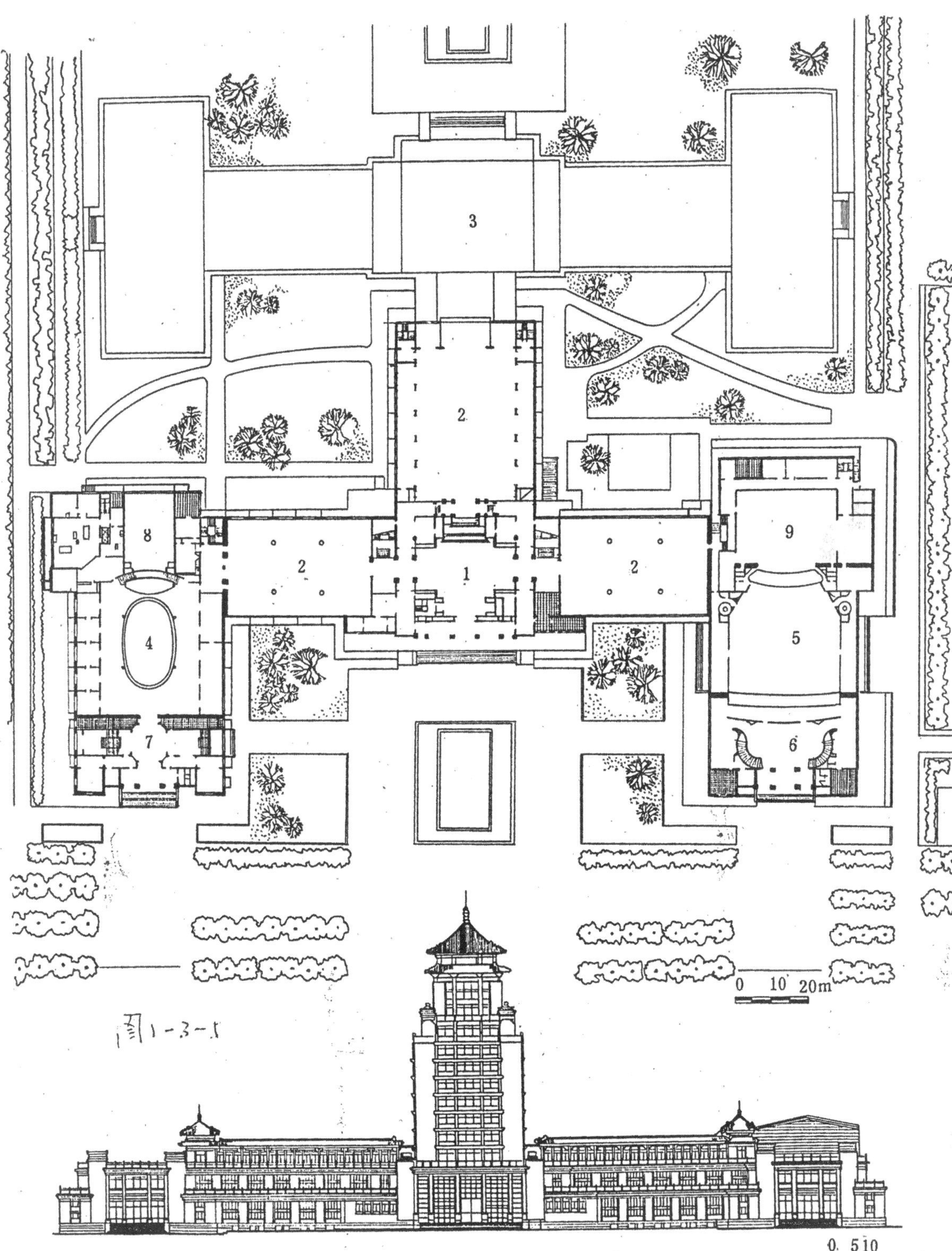
3
2
2
1
2
8
9
4
5
7
6
0 10 20m
图1-3-1
0. 5 10

全国农业展览馆

全国农业展览馆位于北京东直门外环境优美的水碓公园西部，占地50余hm^2，面宽1 700 m。新建展馆8个，总建筑面积达2 882万m^2，包括综合馆(即主馆5 899 m^2)、南农作物馆、北农作物馆、特产馆、科学馆、气象馆、畜牧馆、水产馆等。基地位于东直门外城轴线上，因此设计目标设定为对准东直门的纪念性建筑。总体采取集中又分散的布局，将建筑按用途分类，结合环境特点合理布置，各个展馆形态各异，许多采用了钢筋混凝土薄壳，造型清新、自然。设计以综合馆为中心，将展览建筑的大体量、空间与中国传统的宫殿式、庭院式建筑规划格局有机地相互结合，形成严谨的不对称轴线。特别是主馆中部设八角形亭阁，冠以绿色琉璃瓦三重檐攒尖顶，成为建筑群的主体，整个建筑群融中国传统规划和设计形式与现代化的功能与形式于一体，统一在优美的环境中。

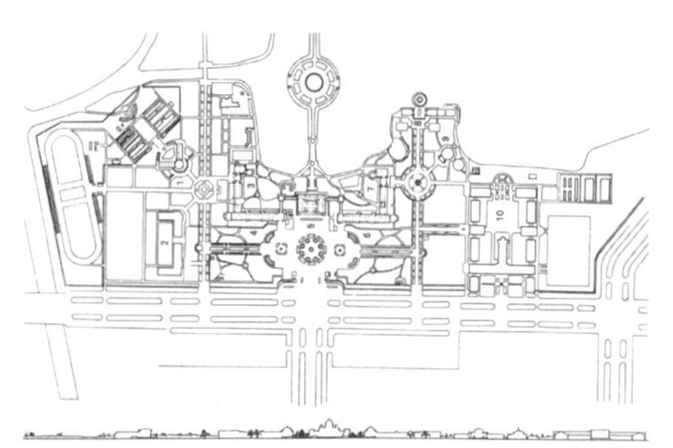

北京工人体育馆

北京工人体育馆位于北京朝阳门外水碓大街的南面，东临北京工人体育场，是规划体育公园的一个组成部分。体育馆建筑面积42 000 m^2，地下1层，地上4层，是一座圆柱形大厦，其基座直径达120.3 m。屋檐高27 m，圆屋顶中心高38 m。比赛大厅能容纳15 000名观众，比赛场地可供10个乒乓球台同时比赛，还可供篮，排球、羽毛球等运动比赛及表演等用途。

比赛大厅直径为110 m。看台分3层，最上排座位标高16 m，看台下首层为观众入口，设有门厅、休息厅、运动员准备场服务用房，2~4

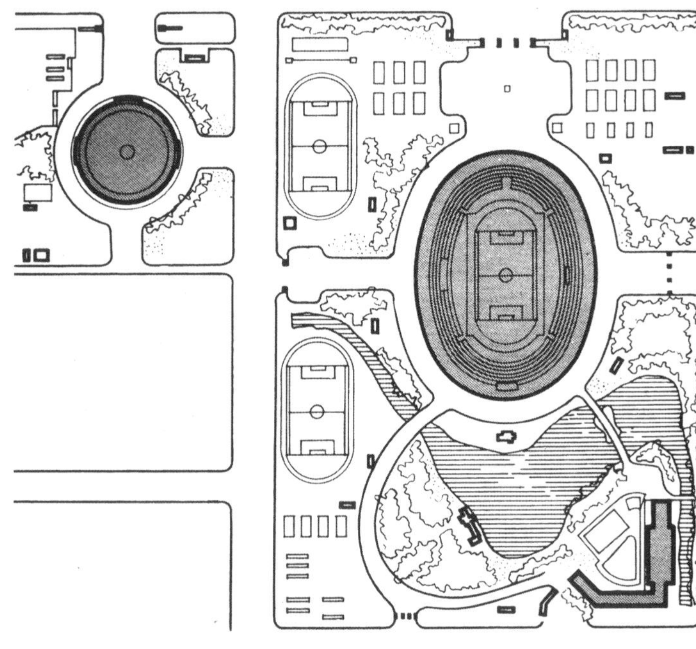

作品卷

层分别设有运动员小吃部、俱乐部、休息室及办公用房。比赛大厅的屋盖净跨度为94 m，首次采用双层悬索结构，其边缘结构为内径94 m的钢筋混凝土外环，搁置在48根钢筋混凝土框架结构的外廊支柱上，内环直径为16 m，高11 m圆筒形钢结构组成的中心环，连接内外环的上下钢索沿径向辐射布置，上下钢索各为144根。悬索上部为轻型屋面，下部为吊顶棚。

比赛场人工照明分两部分，即篮排球比赛等照明用中心环上的镜面深罩灯，乒乓球比赛每个台上，在悬索下悬挂5个深罩灯，在中心环上操作升降。场内设有国内首次采用的霓虹灯记分牌3套及子母钟、电视广播系统。比赛场设有冷、热、湿、净的空调送回风系统，大厅两侧采用高速喷口向下倾斜送风，回风口设在观众坐席前后部。

北京工人体育馆虽不属当时“国庆十大工程”之一，但其大跨悬索结构的尝试，为中国体育建筑新形象提供了一个良好的突破性效果，是中国改革开放前国内最大、最著名的体育馆。

中国美术馆

中国美术馆是以收藏、研究、展示中国近现代艺术家作品为重点的国家造型艺术博物馆。1963年6月，毛泽东主席题写“中国美术馆”馆额，明确了中国美术馆的国家美术馆地位及办馆性质。另外，在筹建之时，周恩来总理曾指示，中国古典建筑艺术是中国艺术百花园中的一枝，美术馆的设计应体现出中国传统建筑艺术的特色。该建筑在1993年荣获《中国建筑学会优秀建筑创作奖》（1953—1988年）。

中国美术馆的创作是中国20世纪50、60年代建筑特点的真实体现，其中既有来自艺术界对美术馆的要求和建筑师对民族风格的追求，又有学习苏联的因素，同时也反映了建筑师戴佩慈受到西洋古典建筑教育的影响。在民族形式运用方面，中国美术馆被认为是中国古典建筑复兴的代表作之一。建筑形式的定位主要包括以下几方面内容：中国民族风格要得到鲜明的体现，充分反映中国美术创作方面所取得的成就以及当时的繁荣景象，形式丰富多彩又不失稳重，与附近的故宫等环境呼应、协调。

主楼建筑面积超过18 000 m^2,1~5层楼共有17个展览厅，展览总面积8 300 m^2,展线总长2 110 m，其中1层9个展厅，1层、2层夹层有3个小型展厅，展览面积总和达4 305 m^2，展线长1 400 m；2层5个展厅，展览面积总和1 500 m^2，展线长429 m；3层3个展厅，展览面积总和863 m^2，展线长235 m。1995年新建现代化藏品库，面积4 100 m^2。主体大楼为仿古阁楼式，模版是敦煌莫高窟主楼建筑，黄色琉璃瓦大屋顶，四周廊榭围绕，具有鲜明的民族建筑

风格，从整体上烘托出民族建筑风貌和文化气息。通过对色彩和装饰的细节处理进一步烘托建筑性格和民族风格，外墙采用浅米色陶制面砖，与金黄色的琉璃瓦相映衬，达到了非常好的效果。

为将中国美术馆建成真正国际水准的国家现代美术博物馆，从2002年5月，开始对主楼实施改造装修工程，于2003年5月竣工，展厅设施、灯光照明、楼宇自控、恒温恒湿、消防报警、安全监控系统都达到了国内领先水平，2003年7月23日适逢建馆40周年之时重新开馆。改造后的新馆运用了现代建筑的新技术，对传统格局加以扩展，为民族建筑文脉增添了新的内涵。重新开馆后引起国内外艺术界的广泛关注，并且反映强烈。

韶山毛主席旧居陈列馆

韶山毛主席旧居陈列馆是广州市对建筑在园林中进行探索研究的代表作品。该建筑始建于1964年，1969年扩建，分别由广东省建筑设计研究院和湖南省建筑设计院设计。该建筑与山林之景色相辉映，与周围环境有机地融合在一起，保持了韶山原有的地理风貌。采用庭院式总体布局，与坡地地形相结合，自然地形成了高低错落的立面设计，并采用当地常见的小青瓦坡屋顶屋面与环境十分协调，空间丰富、紧凑。

全馆建筑面积4 980 m^2，主馆14个展室，以庭院、游廊相连，展览空间流线清晰、明确，迂回的展览路线中，不乏优美景观作为衬托，给人心旷神怡的感觉，室内外环境相得益彰。韶山毛主席旧居陈列馆是广州建筑师在建筑地域性以及与园林相结合方面的可贵尝试，对广州地域性建筑发展起到了促进作用。

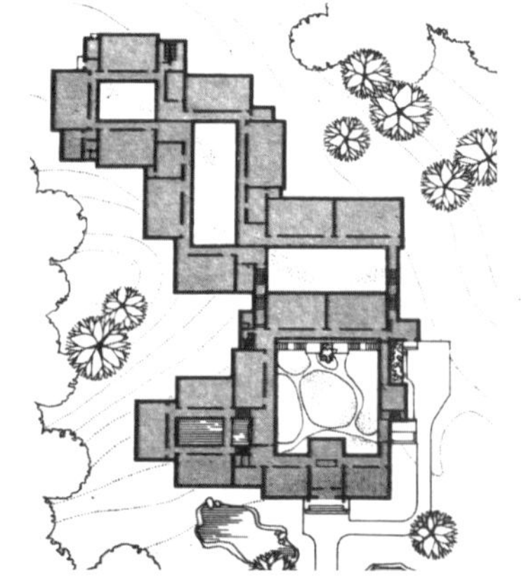

扬州鉴真和尚纪念堂

扬州鉴真和尚纪念堂是由梁思成先生进行方案设计的，是为中日文化交流使节纪念鉴真和尚逝世1 200周年而建，参照日本唐招提寺的金堂设计，位于鉴真的故乡城北蜀岗中锋法净寺，鉴真曾在此任主持。纪念堂为5开间庑殿顶建筑，进深3间，以唐招提寺为蓝本，因此具有日本建筑、中国建筑的韵味。平面布局为庭院式，碑亭位于南侧，纪念堂位于北侧，鉴真院位于中间，周围以回廊围绕连接。总建筑面积约500 m²，纪念堂建筑面积为187 m²，木结构，柱头有卷杀，采用扬州地域做法，线条饱满，整体感觉气势宏大。建筑整体肃静、简洁，与法净寺其他殿堂相协调。室内有藻井，藻井以上梁架在用材、结构方面加以简化，采用穿斗式结构。在当时“文革”的大背景下，这座古典建筑的创作中，最终的目的是为了中日外交方面的考虑。扬州鉴真和尚纪念堂是“文革”中少见的古典纪念建筑。该建筑于1984年荣获城乡建设环境保护部优秀建筑设计一等奖（一级）。

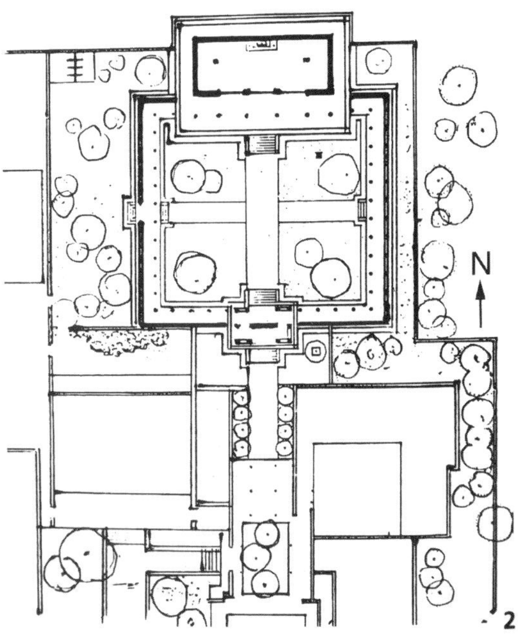
N
2

江苏省文物保护单位
大明寺
鑑真紀念堂
寺始建于南北朝刘宋大明年间
1957年8月江苏省人民委员会公布
堂建于1973年
1982年3月江苏省人民政府公布
扬州市人民政府立

银川南关大清真寺

银川南关大清真寺是改革开放后建设较早的一批宗教建筑之一，是一座按照阿拉伯建筑风格建造的清真寺，采用中国回族地区的传统建筑形式。该建筑的主要设计人都是回族，同时在施工过程中穆斯林群众给予了极大的关注与帮助。

该建筑1981年建成，坐西朝东，建筑面积1 396 m^2。南关清真寺平面布局呈方形，1层为沐浴、办公、学习用房，2层为礼拜堂。立面以1层为平台，衬托2层5开间尖拱外廊，正面设室外大台阶可直接上到2层。

建筑设计虚实结合，白墙绿顶，深受当地穆斯林群众的喜爱，不仅成为承载当地主要宗教活动的场所，也是国内外游客必到的旅游景点之一。

方塔园

上海方塔园位于松江老城区的东部，是20世纪80年代初修建的一座集中展现上海人文历史文化的经典园林，始建于1978年，1982年正式对外开放，由同济大学建筑系冯纪忠等设计。

园中方塔建于北宋熙宁元祐年间（1068—1094年），距今900多年。塔高42.65 m，共9层，因袭唐代砖塔形制成四方形，故俗称“方塔”。但经过战乱，方塔尚存部分仅是塔体砖心，因此修建时将此园林定位为以方塔为主体的历史文物园林。方塔耸立在公园的中心，园湖的北岸，方塔为砖木结构，楼阁式，砖身底层外壁每面宽6 m，四周筑有围廊，以上逐层收缩，砖身外壁由砖柱划分为3间，正间设壶门，内为方室，设木梯连接各层。方塔的艺术处理不仅限于塔身、塔檐，它还有许多特殊的处理，譬如为了塔体的修美，塔体外除去繁冗，把楼梯都设计在塔身中。

在方塔的北侧，有别开生面的花岗石铺成的广场，游客们可在广场上尽情地欣赏游玩。为显示园林的自然、粗狂、多趣，1980年在园中还凿池叠山。一条S形的湖泊环绕在塔的南面，由西向东伸展开去。在方塔的西侧，建有别具风格的长廊，以仿古形式与方塔等古建筑相协调，可见山木本色、斗拱素栏、方砖石柱等一派古色古香。长廊随土丘高低而自然起伏，游客们在长廊中可一览无余地观赏方塔全貌和水榭湖景。

广州白天鹅宾馆

广州白天鹅宾馆建成于1983年，用地面积28 500 hm^2，公园绿地7 500 m^2，建筑面积92 980万m^2，是中国20世纪80年代引进外资第一家中外合作的五星级宾馆，也是我国第一家由中国人自行设计、施工、管理的大型现代化酒店，该建筑由广州市设计院余俊南、莫伯治、蔡德道、谭卓枝设计，1985年被世界一流酒店组织接纳为在中国的首家成员。

宾馆与城市交通联系，自成系统，平面布局使功能、空间和环境达到了有机的统一。有公共活动部分临江布置，使游客便于欣赏江景。中庭为整体多层园林式布局，所有流动空间围绕中庭不止，构成上下盘旋的园林空间，动静结合，富有岭南庭园特色。采用高低层结合式设计，高层为客房部分，高100m，公共部分集中在1~3层裙楼。外设玻璃墙面与中庭故乡水玻璃光棚，与临江环境相融合。

广州白天鹅宾馆荣获1984年城乡建设环境保护部优秀建筑设计一等奖（一级）；于1993年获《中国建筑学会优秀建筑创作奖》（1953—1988年）。

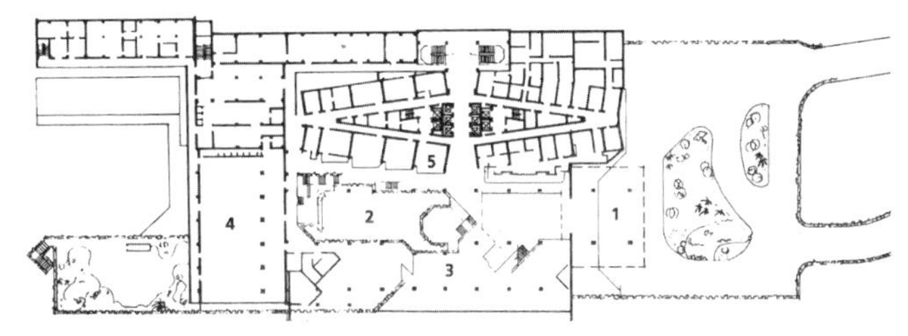

上海龙柏饭店

上海龙柏饭店建成于1982年，建筑面积12 433 m^2,坐落在上海市西郊，虹桥机场和上海西郊公园之间。建筑设计由华东建筑设计研究院张耀曾、凌本立完成，是一座专为接待外宾和旅游客人的边关饭店建筑。

饭店用地原为私人花园别墅，新建部分设置在花园内花棚苗圃的空地上。新建筑的布局与原有环境结合得非常巧妙，园内芳草如茵、可观龙柏雪松，故名为龙柏饭店。主楼分南北两部分，南面部分为2层，而北部为6层，南北部之间有一贯通2层空间的室内庭院和室外庭院，在庭院的设计中主要沿用了中国传统园林设计手法，室内外空间相互融合、渗透，空间层次有序而又富有变化。立面采用多层错落的红色屋面，注重体块空间的营造，主楼强身为浅赭黄色面砖，附属建筑为浅赭黄色喷涂。

上海龙柏饭店无论是建筑布局、功能设置，还是室内外空间关系、室内外装饰材料，都从地域特点出发，原花园为英国庄园风格，因此在设计中逐渐形成了将英国和中国园林相融合、渗透的上海地域风格。该建筑获1984年城乡建设环境保护部优秀建筑设计一等（一级）奖，于1993年获《中国建筑学会优秀建筑创作奖》(1953—1988年)。

中国国际展览中心2–5号馆

中国国际展览中心是当时国内规模最大的现代化展览馆，占地15 hm^2，规划总建筑面积75 000 m^2，2–5号馆为一期工程。为适应展览建筑空间灵活多变的功能要求，每个展馆大厅由63 m×63 m正方形大空间组成，采用不同的结构形式，功能分区明确，并充分发挥了结构的效率。展厅内在标高4.5 m处沿周边网架柱挑出展廊平台，不仅扩大了展出面积，也丰富了室内外空间。4个展厅之间由3个连接体相连。作为展览馆的主要入口，每个连接体由中央大厅、大楼梯和步行廊组成，可贯通4个展厅。

按照建筑物的功能性质，整组建筑由4个平行六面体展馆组成，色调统一为白色。在建筑设计上运用几何形体的起伏、虚实和曲直对比的手法，采用带拱顶的门廊、角窗、带圆弧的门楣等元素及简洁的门窗洞口和大片的实墙面，将建筑技术与功能完美地结合，创造出具有强烈时代感的建筑造型。

中国国际展览中心2–5号馆是中国现代主义建筑的成功之作，在简单的体量上，运用现代建筑艺术的处理手法，获得了繁简得体的建筑效果。该建筑于1985年获中国20世纪80年代建筑艺术优秀作品奖，1993年获《中国建筑学会优秀建筑创作奖》（1953—1988年），被评为北京20世纪80年代十大建筑之一。

法国
FRANCE
SNECMA

德意志联邦共和国
GERMANY
为九十年代设计的

Rosemount

侵华日军南京大屠杀遇难同胞纪念馆

侵华日军南京大屠杀遇难同胞纪念馆是中国南京市人民政府为了纪念抗日战争胜利40周年、铭记1937年12月13日日军攻占南京后制造的南京大屠杀事件、令中日两国人民世代牢记日本法西斯对人类犯下的罪行而筹建，是我国第一座抗战史系列专题纪念馆。

纪念馆位于中国南京城西江东门茶亭东街（原日军大屠杀遗址之一的万人坑），于1985年8月15日落成开放。纪念馆由东南大学齐康教授设计，占地2.5 hm^2，主体建筑面积2 100 m^2，保持原地形地貌，建筑成一座纪念性的墓冢。设计中以环境和造型为基本出发点，利用空间的封闭和开敞以及在尺度上的变化，成就了该馆的纪念意义。入口处赫然用中、日、英三国文字写着死难者300 000人。纪念馆内展陈设计独具一格，将那段历史表达得淋漓尽致，悲凉气氛油然而生。该建筑荣获1993年获《中国建筑学会优秀建筑创作奖》（1953—1988年），20世纪80年代十大优秀建筑艺术作品奖，当代环境艺术设计优秀奖。

由华南理工大学何镜堂院士主持设计的纪念馆扩建工程，将新老展馆巧妙地融为一体，生动地展现了“从历史走向未来”的建馆宗旨。与原馆相比，新馆区的占地面积增长了3倍，达到7.4 hm^2，建筑面积扩大为25 000 m^2，展示的文物从100多件扩大为3 000多件。

新馆设计主题为“和平之舟”，整体形象犹如一艘巨大的船，东部陈列丰富的展厅呈高大船头形状，中部是原馆的遗址悼念区，西部大片开阔区域是树木葱茏的和平公园。在和平公园里，著名雕塑家、沈阳鲁迅美术学院孙家彬创作设计的高达30 m、用汉白玉制作的《和平》雕塑，以一对手托和平鸽、展望未来的母子形象，生动地表达了人类对和平发展的期盼。

深圳体育馆

深圳体育馆在深圳经济特区开发过程中，由深圳市政府于1985年投资兴建，是一个多用途的现代化场馆，除了可以进行多种体育比赛外，还可以进行文艺演出、大型集会等。建筑形式呈正方形，造型宏伟、坚实。银白色的建筑总体，在浓绿的笔架山映衬下，分外鲜明而又突出地体现了体育建筑精神中健美、强劲的一面。

用地9 hm^2，建筑面积21 980 m^2，固定坐席5 940座，活动席480座，是一座设施先进、功能齐备的中型体育馆。四根立柱外露且支撑着巨大的棚顶，顶部包以不锈钢材料，钢筋混凝土看台自由挑出。举行活动时，观众可以由体育馆南、北、西三面宽展的台阶登上二楼平台。西广场面对的体育馆大墙上是一幅用墨玉石刻制成的题为“奥运之光”的平面浮雕。通过四面敞开的玻璃门进入大厅，有10个出入口通向观众席。东西两侧设小卖部和卫生间。体育馆一楼东门是嘉宾入场口，由此进入贵宾厅，走上主席台和嘉宾席。一楼北门为器材出入口，南门为工作人员出入口，还有应急出口和消防疏散口。体育馆内部不无论是中央空调系统，还是通信系统、安全消防检测系统、音响环绕系统，都达到了很高的水平。在多年的活动中，体育馆也造就了一批舞台美术设计、灯光音响效果设计和调控的专业人才。

另外，体育馆除了主馆外，还附设有球类、体操练习馆，可供运动员赛前热身或训练用。一楼走廊环绕主馆，有5个进出口与主馆相连。体育馆功能用房齐全，分别有检录处、运动员休息室、演员化妆间、男女更衣室、卫生间、新闻中心、接待室、图书资料室、会议室、豪华贵宾厅、嘉宾休息室、器材库房及体育馆各部门工作室。

深圳体育馆为促进深圳体育运动的发展、经济建设和精神文明建设起到了积极的作用。该建筑获1986年城乡建设环境保护部优秀建筑设计二等奖，于1993年获《中国建筑学会优秀建筑创作奖》(1953—1988年)，1989年获国际建筑师协会娱乐设施银质奖，施工获鲁班金像奖。

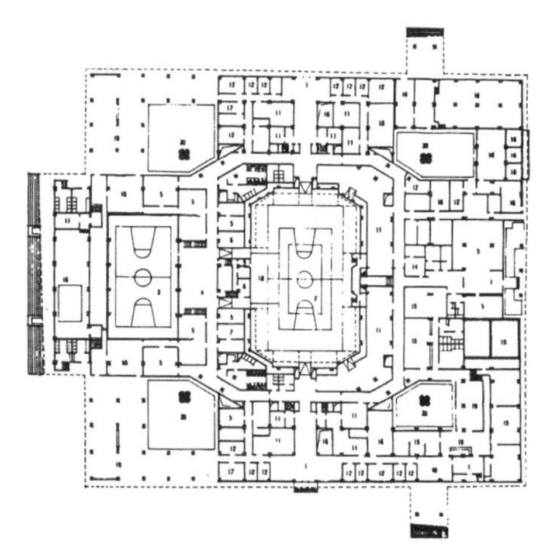

新疆人民会堂

新疆人民会堂是在1985年10月新疆维吾尔自治区成立30周年之际竣工并投入使用的，是当时新疆维吾尔自治区“十大建筑”之一。占地面积4.67 hm^2，建筑面积30 000 m^2，包括主会场、多功能宴会厅，小会议厅等，主会场能容纳3 160座位的观众大厅，舞台设施先进、齐全。

整体建筑设计体现了民族性和时代性的结合，在社会上具有一定的影响力和社会形象，会堂楼顶上悬挂的国徽又标志着其特殊的政治地位，即新疆维吾尔自治区人大常委会和新疆各族人大代表重要议事场所，以其不能替代性和独有的地位及作用继续作为乌鲁木齐的标志性建筑。经过近20多年的历程，会堂为自治区的政治、经济、外事文化事业和改革开放发挥了独有的重要作用。该项目创下了20世纪80年代新疆乃至西北地区建筑行业四个“之最”，即修建规模最大、采用新工艺最多、工程进度最快、施工时间最短。

会堂南邻自治区展览馆，与新疆昆仑宾馆隔路相望。由于昆仑宾馆的不对称设计，为了与其呼应，会堂设计中没有按照常规的对称式布局。室内空间设计旨在体现会堂的科技性与自治区“歌舞之乡”文化性的紧密结合。建筑师在建筑创作中力求借鉴当地传统建筑设计手法的同时，融入现代化的元素。主体立面以宽檐、排柱为主题。汉白玉饰柱面

体现了伊斯兰建筑纯洁的色彩,并以金黄色琉璃的宽檐,象征民、汉建筑文化的交融。副体建筑以连续尖拱带窗与主体建筑尖拱饰件互为呼应, 琉璃装饰的整圆形顶与主体建筑紧密结合。

新疆人民会堂在1993年荣获我国建筑创作优秀成果的最高荣誉奖——中国建筑学会优秀建筑创作奖。

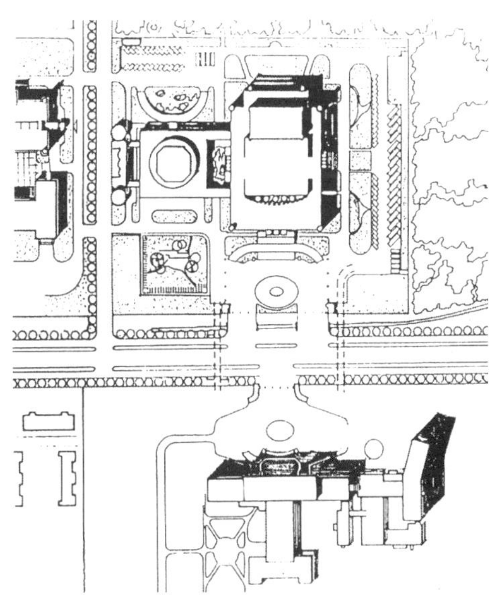

四川自贡恐龙博物馆

自贡恐龙博物馆位于世界著名的恐龙化石产地——大山铺，距自贡市中心区约11 km，占地面积约6.7 hm^2。自贡市是中国西南地区极具特色的一座国家级历史文化名城，自贡恐龙博物馆是中国西南地区规模最大的博物馆，也是目前世界上拥有大规模恐龙化石埋藏遗址保存的、最具特色的专门遗址性博物馆。为有效保护和开发利用丰富的自贡恐龙化石资源，1984年开始动工兴建我国首座专门性恐龙博物馆，1986年主体完工试展，1987年春节正式开放。第一期占地面积2.53 hm^2，主馆建筑面积6 000 m^2，分馆舍、绿化地带和附属建筑3部分。

主体建筑立意新颖、造型独特，以现代的简约风格表现最古老的主题。用化石的堆砌为构思基础，外形如同天然巨石堆垒而成的“岩窟”，使整个建筑与恐龙发掘现场相协调。建筑主体集中布置，周边留有较大绿地，形成环境优美、馆园结合的引人入胜的风景文化区，且与规划中的恐龙公园相呼应。

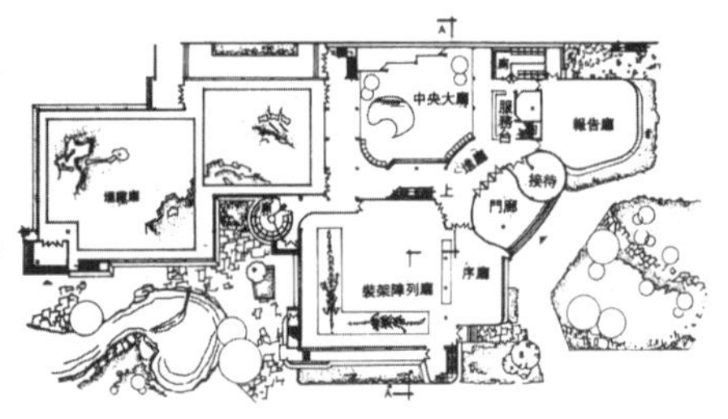

主入口位于人流主导方向，主体馆舍内设有化石埋藏馆、中央大厅、化石装架陈列馆、报告厅和恐龙生态环境厅，陈列使用面积3 600多m^2，现有基本陈列包括：“恐龙世界”、“恐龙遗址”、“恐龙时代动植物”、“珍品厅”4部分。每个展厅室内装饰各有特点，无一雷同。观众可以在参观后，进入博物馆北侧的远古生态复原公园领略恐龙时代生态环境氛围。

2000年成功实现了扩馆建园的二期发展目标，成为特色更为鲜明、功能更趋完善的“国家地质公园”。自贡恐龙博物馆荣获建设部优秀建筑设计一等奖，1990年国家金质奖，并于1993年荣获《中国建筑学会优秀建筑创作奖》(1953—1988年)。

中国国家图书馆

中国国家图书馆原名北京图书馆，前身是建于清代的京师图书馆。1998年12月12日经国务院批准，北京图书馆更名为国家图书馆，对外称中国国家图书馆。1999年4月16日江泽民主席为国家图书馆题写馆名。

中国国家图书馆位于北京市海淀区白石桥南长河畔，紫竹院公园旁。1987年落成，总馆占地7.24 hm^2，建筑面积140 000 m^2，是一座拥有先进设施、现代化管理系统的国家级超大型图书馆，馆舍面积仅次于美国国会图书馆，位居世界第二。图书馆拥有各类阅览室88个，总阅览座位3 000席，还有展厅及1 200座位的报告厅。

筹建于20世纪70年代初，许多建筑专家参与了方案设计工作，如杨廷宝、戴念慈、张镈、吴良镛、黄远强等。主楼为双塔形高楼，通体以蓝色为基调，取其用水慎火之意。主楼采用双重檐形式，孔雀蓝琉璃瓦大屋顶、淡乳灰色的瓷砖外墙、花岗岩基座的石阶，再配以汉白玉栏杆。新馆采用了高书库、低阅览的布局方式，地上书库19层，地下书库3层，书库建筑面积60 000 m^2，设计藏书能力2 000万册。低层阅览室环绕着高塔式的书库，形成了两个吸收了中国传统庭院式设计手法的内院建筑群。

中国国家图书馆具有典型的馆园结合的中国书院特色，建筑构图严整对称，但正是由于过于刻

意追求对称的古典构图，平面功能设计方面牺牲很大，交通流线过长，导致读者路线不明确。屋顶设计中使用了明朗的蓝绿色，虽然这种尝试给人带来了清新的感觉，但对建筑功效及读者的使用方面则缺乏关心。

该建筑曾被评为“80年代北京十大建筑”榜首，是20世纪80年代中国新古典的代表作之一。1987—1989年，先后被北京市评为“优质工程”、“施工质量鲁班奖”等，并被建设部评为全国优秀建筑设计一等奖和中国建筑学会优秀建筑创作奖。

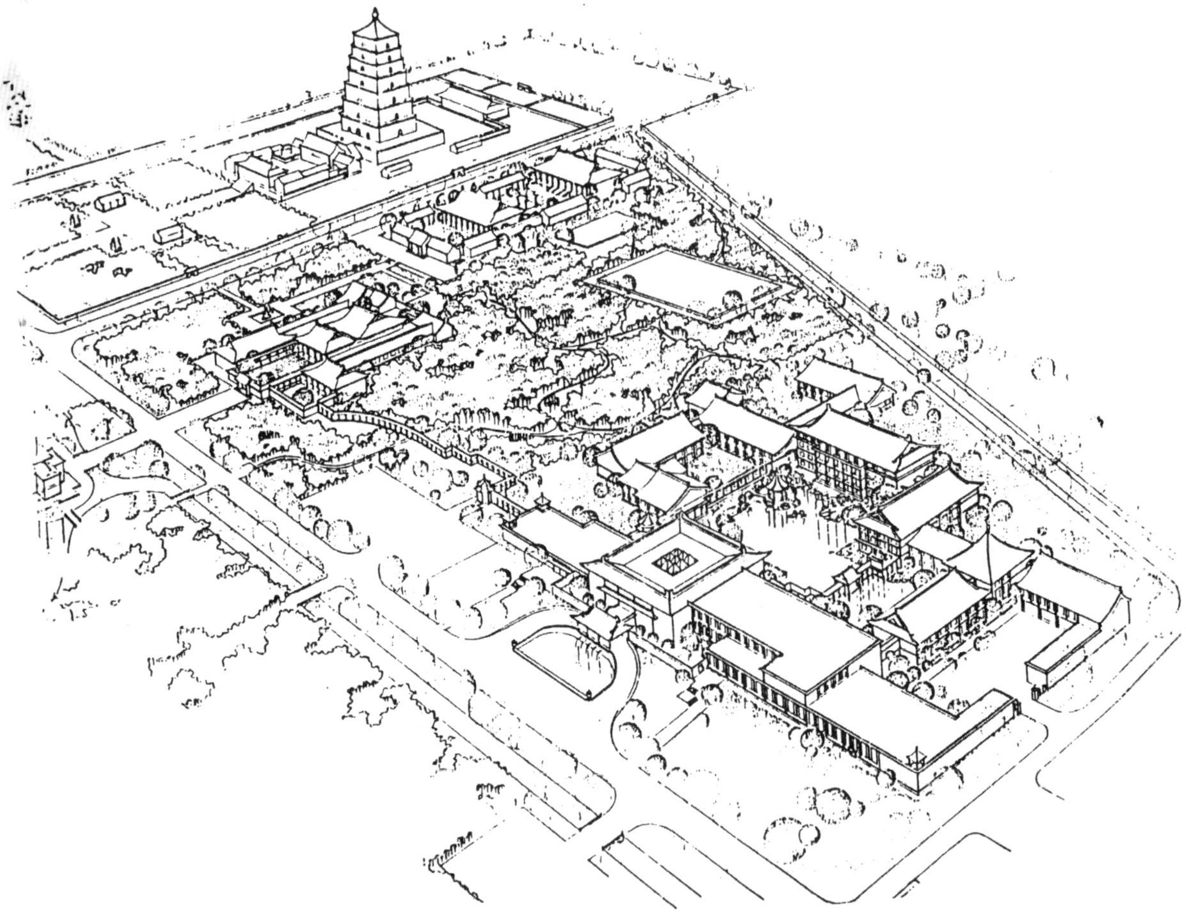

三唐工程（唐华宾馆、唐歌舞餐厅、唐代艺术博物馆）

西安大雁塔风景区“三唐工程”包括唐华宾馆、唐歌舞餐厅、唐代艺术博物馆，建成于1991年，由中国建筑西北设计院张锦秋、王天星、安志峰等设计，总建筑面积27 300 m^2。建筑将现代建筑的功能、设施、材料等赋予唐代的建筑形式，并取得了很大的成功，这次尝试不仅为西安的古都风貌保护起到了重要的作用，而且为今后的建筑设计起到了示范性作用。设计者灵活地运用传统空间的设计手法，营造出了适合现代人使用的唐风建筑，另外传统园林的设计手法也为其增添了许多色彩。建筑荣获1991年陕西省优秀建筑设计一等奖、1991年城乡建设部级优秀建筑设计二等奖、1991年国家优秀工程设计铜奖。

国家奥林匹克中心

国家奥林匹克体育中心第一期主要项目有拥有6 000座位的体育馆和游泳馆，20 000座位的田径比赛场和练习馆，2 000座位的曲棍球场、田径和足球练习场、投掷场、垒球场、网球场、体育博物馆、武术研究院、医务测试及附属用房等。“一期”建设的总体规划着重体现4个方面的结合。

(1) 近期与远期的结合。体育中心是北京市总体规划的大型体育用地，“一期”供亚运会使用，要求形成完整而相对独立的格局。中心东侧的安立路是亚运会期间的主要道路，东入口为主要入口，田径比赛场置于东西轴线上，将体育馆、游泳馆和练习馆排成扇形，围绕水面布置，形成开敞、对称的有机整体，并为二期向南扩建留有余地。

(2) 功能与形式的结合。体育中心有复杂而严格的要求，需处理好与城市的关系，满足运动员与观众不同使用要求及合理的功能分区，使人流、车流有秩序地汇集和疏散，设置车行路和人行路两个系统及为残疾人使用的各项设施。在整体造型上游泳馆和综合体育馆选用钢筋混凝土塔筒斜拉悬索结构，较好地解决了群体组合，使大跨度建筑的功能和体型较完美地统一起来，并具有强烈标志性。

(3) 创造与传统的结合。将用地内主次轴线与环形道路组合，形成中心内主要骨架，与城市的总

体格局相协调。广场以方格网、圆形、半圆形组合。场区各栋建筑强调相互制约和联系，做到严谨中有变化，变化中保持统一，以扇形排列的建筑物将简单的平面体型连成群体，并将田径比赛场两片弧形看台和高架平台置于东西轴线的偏西位置，形成具有特色的巨大群体。屋顶、屋脊、檐口及构件的细部处理，近似于传统建筑常用的做法，在创造新的建筑形式的同时又具有强烈的东方建筑特色。

(4) 环境与建筑的结合。中心“一期”的绿化及水面约占用地的38.8%，加上练习场地草坪、停车场上的绿化，那么这些面积总和的比例接近50%。通过大块、大面积的简洁处理，规整式与自由式布局以及雕塑、标志、旗杆、喷水池、围墙大门、地面铺装、室外灯具等的设计，使人工景观及自然景观紧密结合，形成绿化的花园式体育中心。

国家奥林匹克体育中心是一个综合性的体育中心，其一流的场馆和现代化的服务设施能够满足国内各类体育比赛的要求，并能承接国际比赛，是国家体育竞技中心和国家队的重要训练基地。

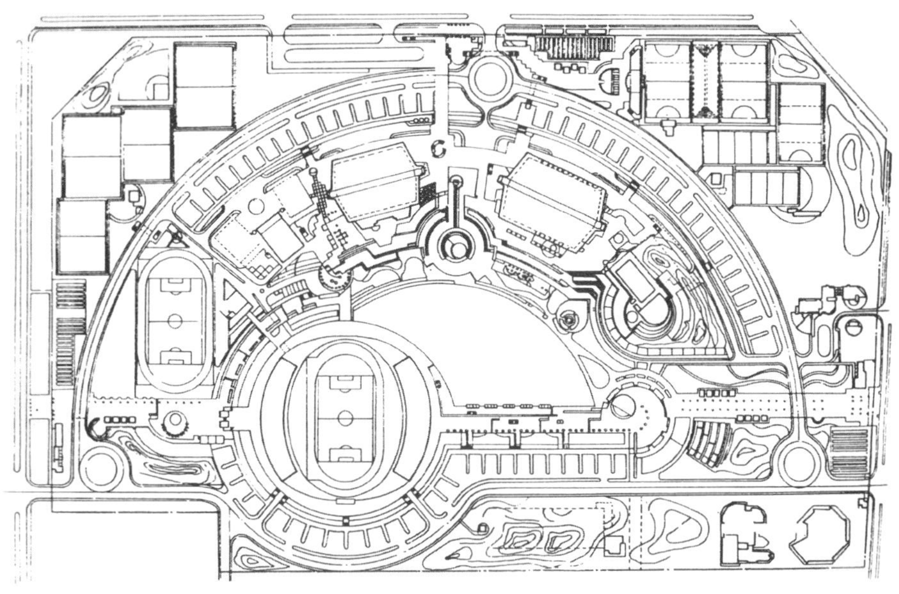

菊儿胡同新四合院

青砖红檐、典雅古朴的菊儿胡同，东起交道口南大街，西止南锣鼓巷，全长438 m，居住着2 000多户居民。菊儿胡同新四合院是1988年北京市危旧房改造的试点工程，实行分期改建。第一期工程占地约0.21 hm^2，建筑高度2~3层，将7个老院落改造成4个新院落，新建2 760 m^2，住房套数由44户增至46户，并使居民的居住水平得到了明显的改善。第二期又选择最破旧的192户，用地1.14 hm^2继续进行改建。

菊儿胡同新四合院改建中，体现了吴良镛教授提出的“有机更新”的规划理论以及“类四合院”的设计理念。吴良镛先生解释：有机更新，就好像一个人衣服破了打块补丁；其实，只要精心缝补，即使旧了，是百衲衣，也不失其美丽。菊儿胡同的住宅，有些破坏了，完全不能用了，还有的是可以修缮的。他将胡同的房屋按照质量分为三类，质量较好的20世纪70年代以后建的房屋予以保留，现存较好的四合院经修缮加以利用，破旧危房予以拆除重建。重新修建的菊儿胡同按照“类四合院”模式进行设计，所谓的“类四合院”模式，即抽取传统空间形态的原型，用新材料和理念创造新的人居环境，同时解决一些目前面临的问题。

新四合院住宅体系能与旧城的“肌理”有机地统一，保护古都风貌的同时，也保护了建筑原有的

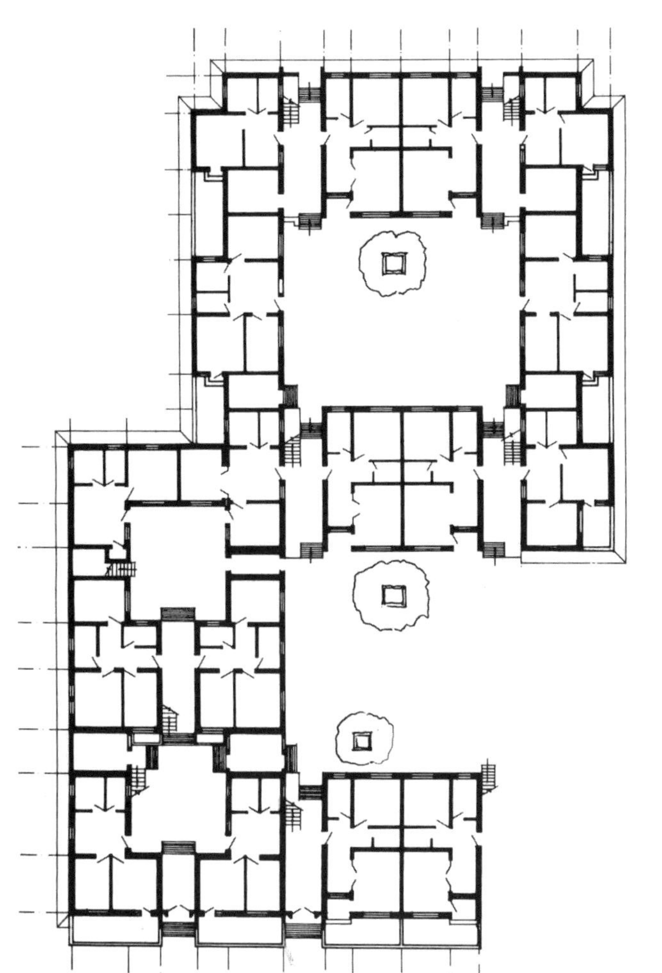

历史价值和使用价值。同时，既有单元式公寓私密性强的特点，又具备院落式住宅中邻里感强的优点。设计中，采用更多的进深数来强调庭院中“进”的概念，同时吸取了南方住宅“里弄”和北京“鱼骨式”胡同体系的特点，向南北发展形成若干“进院”，向东西扩展出不同“跨院”。在传统厢房的位置用过街楼联系两个庭院，使整个建筑群交通方便，由此突破了北京传统四合院的全封闭结构。院落掩映在保留的原有树木之间，结合新添的绿化、小品，构成良好的公共“户外客厅”。

菊儿胡同改造工程对北京四合院住宅的有机更新是一次成功的尝试，正是由于吴良镛在保护北京古城风貌，探索中国现代住宅的民族特色方面取得的成绩，1992年被亚洲建筑学会授予“亚洲建筑金奖”，1995年获联合国“人居”奖。

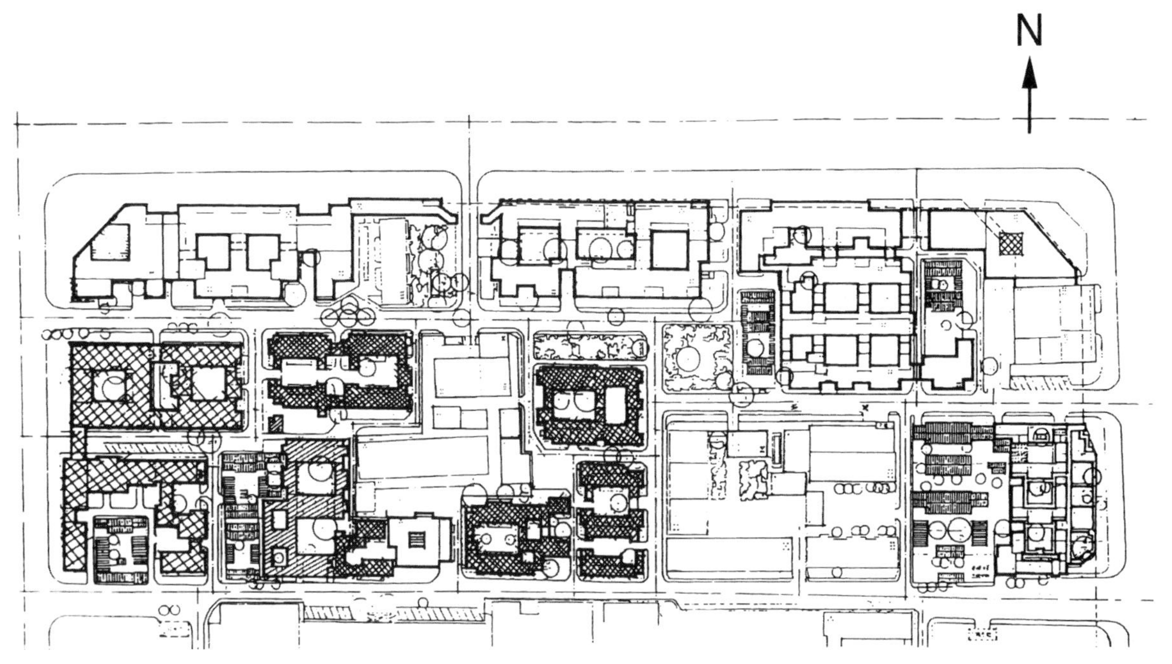

北京动物园大熊猫馆

北京动物园旧熊猫馆系20世纪50年代的建筑，1989年新建设了北京大熊猫馆。北京动物园现存的熊猫馆是1990年作为第十一届亚运会“献礼工程”兴建的，造型独特，曾经入选当年度“北京十大建筑”和“北京市优质建筑”。

新馆位于原熊猫馆东侧，北楼北侧的大门中轴线上。占地面积1 hm^2；建筑面积1 452 m^2；室外运动场面积2 000 m^2。整个建筑以中国古典园林“拓扑”原理为哲学依据，以“太极图”为形式构图。造型呈竹笋状，11对拱圈就像竹节。

新大熊猫馆将与原熊猫馆有机结合，在动物园正门西边入口为外宾参观新馆主要入口。

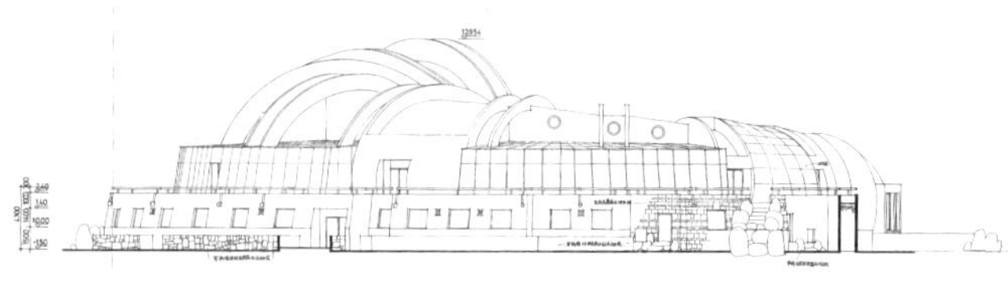

入口右侧新设计室外停车场，在旧馆和动物园北配楼之间设九宫格形铺地，铺地上设九根矮柱，为新大熊猫馆入口之暗示。因熊猫喜阴，室外活动场地全部向北。平面布局采用圆形母题之切变，人流路线具有强烈的向心感，使展出空间和猫舍空间组织存在一种内聚力，或内在因素，自然构成展览建筑之“簇集组织”原则。

新建大熊猫馆在设计时，力求建筑与环境、形式与功能、意境与手法较完美地融汇在大熊猫的自然生活环境中，成为人造景观的典范。室内展舍也种植了大量常绿植物及垂吊植物，渲染了气氛，增强了展览效果。大熊猫馆以巧妙的构思、新颖的造型、合理的布局及完善的功能成为兽舍建筑中的佼佼者，是艺术性和实用性完美结合的典范。

±0.00=50.00

总平面图 1:500

重庆江北机场航站楼

20世纪80年代，重庆一直沿用白市驿机场，其航站楼虽经改建（一期），仍不能满足飞行量日益增长的需求。另选新址而建的江北机场，被列为国家“七五”计划重点工程，总投资3.39亿元。一期修建的航站楼虽然只有15 800 m²，高峰小时旅客流量仅为1 800人次，但其航站区的总体布局与航站楼的选型、功能设计、建筑表现等，却面临不少难点。由于在规划与设计中做了充分调研，从中吸取了国内外在机场建设中的经验，从而迈出了自主创新的重要一步。

(1) 新中国成立以来所建机场，不仅航站楼大都是一字形前列式构型，而且，还往往将航管楼和塔台也呈一字型布置在航站楼的一侧，这就使未来航站楼的分期修建受到很大制约。现将航管楼退后于航站楼布置并转向90°，将塔台置于其端头，这样，既使一期航站区的用地和空间布局趋于紧凑，同时也为二期航站楼的灵活设计与便利施工创造了条件。

(2) 由于航站楼位置距飞机跑道较远，若采用前列式，则会使飞机起降的滑行距离加长，从而增加飞机的燃油消耗。但由于航站楼至跑道距离原因，若按常规指廊式构型定位也不现实。经多方论证，最后采用了减两个近机位的短指廊布局。实践证明，这样既达到了常年节约燃油的目的，又创造了流程便捷、候机视野开阔的内部空间环境。

(3) 为了减少相互干扰、节约投资，同时又满足当时提出的“境外包机”进出港的使用要求，还首次开创了独立设置“联检”单元以及高架候机同国内航线共用一个登机桥“分流进出”的设计模

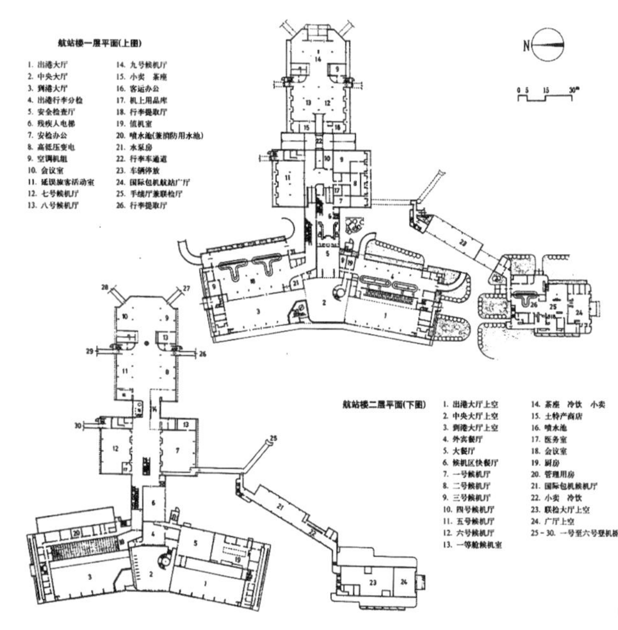

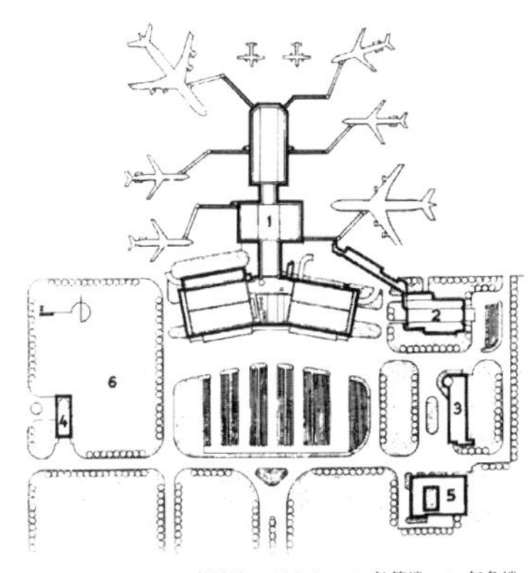

总平面图　1. 航站楼(一层半式)　3. 航管楼　4. 气象楼　2. 国际包机航站(高架门位候机)　5. 制冷站

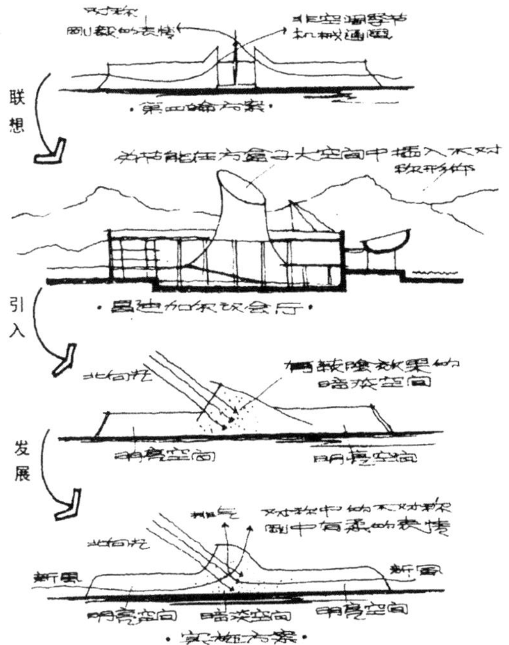

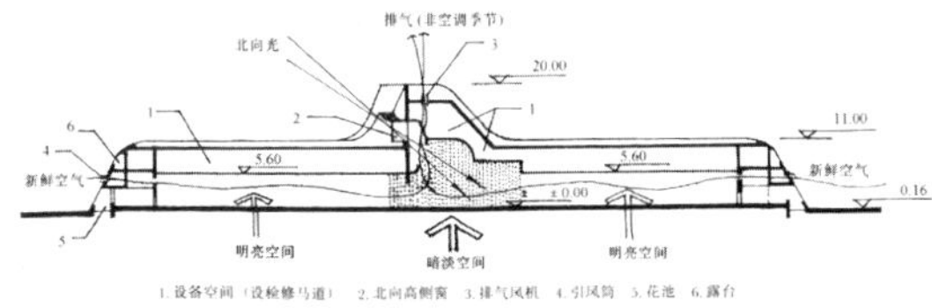

1. 设备空间（设检修马道）　2. 北向高侧窗　3. 排气风机　4. 引风筒　5. 花池　6. 露台

式，这也是改革开放初期务实创新的体现。

(4) 综合运用气候设计的建筑手法，与“大体量、大空间、大玻璃”的航站楼固有设计思路形成了鲜明的对比。首先，严控层高，如出港厅和到港厅的吊顶高度为5.6 m（而同规模的都在8.0 m以上），候机厅的高度也在4~5 m之间。这样便可以大大减少夏季和冬季的能源消耗。与此同时，作为航站形象代表的陆侧立面恰好朝西，高起的中央大厅为避开西晒而采用了北向高窗，中央大厅两侧的出港进港大厅玻璃墙面，则完全隐蔽在悬挑的钢结构雨棚之下。由“日月星”、“水波”、凹洞图案和悬挑的“面具”造型，以及两侧蓝色雨棚上的红色钢构排列，共同组成了躲避西晒的陆侧立面的“抽象立体画卷”。再有就是，陆侧空间形体还考虑了非空调季节加强自然通风的辅助措施。

(5) 航站楼陆侧形体的象征意味源于功能与气候设计，而建筑风格也展现了作为“江城”和“山城”重庆所特有的“文化气质”——朴拙中有浪漫，轻快中不失沉稳。投进北向高光的中央大厅，炎热夏季凉爽宜人，而“山花浪漫”彩旗系列从大厅北向高窗一侧垂下，与主墙面上7层凹凸变化的大型彩色浮雕《阳光之歌》相互辉映，隐约中彰显出浓郁的“山洞文化”气息。候机厅、出港厅、到港厅、贵宾厅、快餐厅等，虽都是在低造价标准下实施的室内设计，但却取得了简朴清新的视觉艺术效果。中央大厅高起的屋盖结构形式未坚持融入顶部弧形界面，是施工设计配合中的一大遗憾。

该工程由中国民航机场设计院布正伟主持设计，杨海宇、黄海兰等合作设计，1986年规划与设计，1991年竣工，并于1992年荣获全国第五届优秀工程设计金质奖，全国航空港建筑设计一等奖。

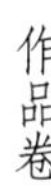

海南寰岛大酒店

海南寰岛大酒店位于海南省海口市海甸岛东部开发区，由中国寰岛集团与加拿大京龙地产公司合资兴建，占地2 hm^2，总建筑面积46 000 m^2，408套标准客房，是一座设施完善的城市旅游酒店，建成后被国家旅游局评为五星级酒店，也是海南省第一座五星级酒店。

酒店装修材料如外装饰铝合金板、玻璃幕墙、大堂空间网架及内部的电梯和主要机电设备，均采用北美高科技产品，为酒店设计提供了坚实的物质条件。在处理超尺度屋顶的典型建筑中，最成功的类型莫过于中国古建筑形式中的“重檐”屋顶了，巨大的屋顶下面被一条精细的“重檐”所托承，使得整个屋顶形式显得既庄严又不笨重，檐口处理接近人的尺度。

设计从城市规划的角度入手，考虑酒店功能的布置结构，将酒店的主体客房塔楼与入口大堂位置设计在用地的北部，以便与用地北侧的海南大剧院配套使用，在城市空间上共同形成海甸岛开发区的高潮区域。

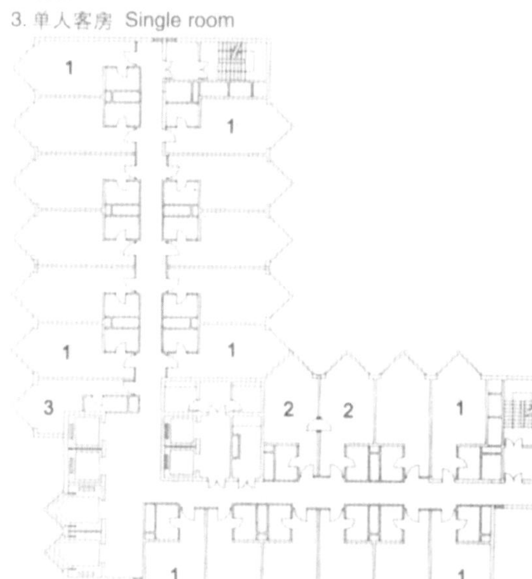

HUANDAO TIDE HOTEL
HUANDA

华夏艺术中心

深圳华侨城华夏艺术中心建成于1991年，是一座以弘扬华夏文明、沟通海内外文化交流、提高人口素质、发挥艺术教育功能为宗旨的多功能综合性的文化活动场所。艺术中心位于城市主要干道深南东路旁，面积13 500 m^2。艺术中心的影剧院、歌舞厅、多功能厅、展厅、贵宾厅和多个专业艺术培训厅室设施精良、功能齐全，组织策划和承办演出、电影、会议、展览、艺术培训、娱乐等活动。

在总平面布局方面，以三角形构图为主要设计手法，立面、空间造型都突出体现这一特点，与周围建筑取得统一，空间通透，虚实结合，进退富有变化。华夏艺术中心是华森建筑与工程顾问有限公司在20世纪80年代中期

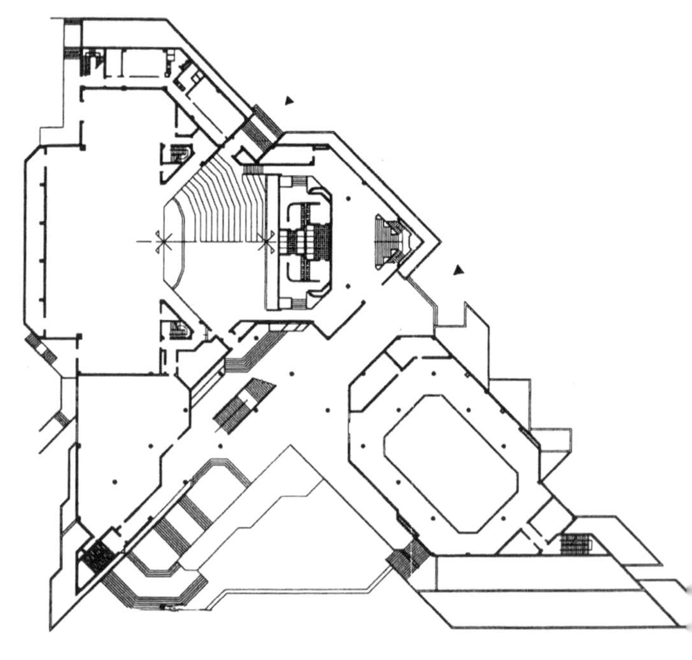

的一系列以三角形为母体的建筑作品中成功的典范。

艺术中心的最大特点就是对环境的整体考虑以及内外部空间一体化设计。在建筑的南面，以网架覆盖形成60 m的灰空间，作为内部交通集散和空间组织枢纽，自然地延伸到室外，构成亦内亦外的开放型艺术广场空间。具强烈时代感的同时，体现了文化建筑的市民性和开放性，也体现了岭南地方气候特点。

建筑功能、造型体现了传统和现代科技的紧密结合，古朴典雅、内涵深邃、气度非凡，在具有高度象征性的同时，整体格调简洁却不乏细致。装饰、雕塑和色彩的运用体现了华夏文化主题，使建筑更具文化品位。

该建筑1992年获中国建筑师学会优秀建筑设计创作奖、1993年城乡建设部优秀设计一等奖、1993年国家优秀工程设计金奖、1991年深圳优质样板工程第一名。

炎黄艺术馆

炎黄艺术馆采用簇集组织展览空间，是为了便于管理、便于保安、节约能源并降低造价。集中布置的展厅根据展出需要，可分可合，使用灵活，并有部分展厅可直接对外服务。由于体型上小下大，不影响顶光，厅内最大限度利用自然光线并避免直射光照损害展品。建筑形象运用“斗形”母题，具有传统建筑之神韵，建筑语汇既是具体的又是具有象征性的。艺术馆的功能分区是学术报告厅和展室以门厅为中心，东西两向排列，分合有度；展室相对集中于2层和3层。所有画库、研究和管理用房放在半地下和东区的中部，便于艺术品的安全保护。

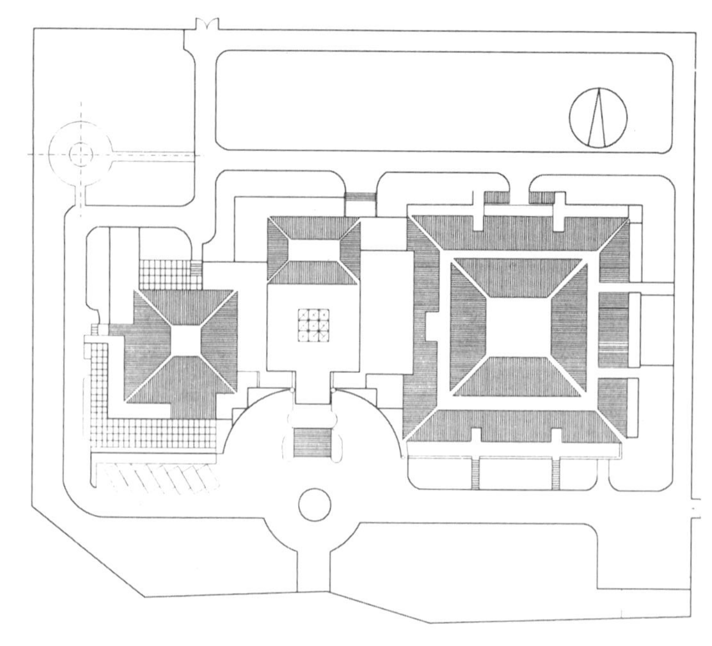

地下室为机电设备用房及职工休息、沐浴和更衣等用房。正门入口分成两层，乘小轿车的参观者可以直接乘车到半地下过厅，过厅中布置固定酒吧、餐厅、文物商店和画廊等，供参观者休息、会客、进餐、购物。实际上，这个空间是可以直接对外供城市居民利用的公共空间。一般参观者则通过室外台阶，进正门大厅而至展室和学术报告厅。

外立面装修是在“斗形”的斜墙面上贴深茶色上釉瓦。半地下室墙面用自然花岗石贴面，以体现深沉、浑厚的基座感。直墙部分采用青石板，材料选择得体，体现出“重在朴素”的艺术原则。展室内部环境以突出艺术品为中心的指导思想进行室内设计，合理组织自然光和人工光，造就幽雅的观赏环境及平静、通畅的参观路线。艺术馆参照“国际最低无障碍标准”及“无障碍设计暂行规定”的要求，考虑了最基本的无障碍设计。

炎黄艺术馆是由我国著名画家黄胄先生发起创建的我国第一座民办公助的大型艺术馆。旨在收藏和展览中华民族优秀文化艺术品，为海内外艺术家、收藏家提供艺术交流的场地。

岭南画派纪念馆

岭南画派纪念馆是集展览和收藏为一体的纪念馆，是一家收藏和陈列岭南画派作品的专门机构。1991年6月8日建成开馆，建筑面积3 200 m^2，由时任国家主席杨尚昆亲笔题写馆名，中国工程院院士、著名建筑师莫伯治设计。底座及首层分别设收藏部、研究部、创作部、展览部。二三层为展厅，四层为岭南画派历史和作品基本陈列。东侧附楼是画家交流场所及招待所。

设计中运用岭南建筑传统布局特点和现代展览建筑流动空间的处理手法，风格的抽象意念表达了岭南画派的画意。从具体到抽象，寻求纪念馆设计与岭南画派的风格在本质内涵上的联系。不同的文化取向，在一定概念性的层次的交汇点，其内涵一定具有某种共性。岭南画派纪念馆便是在寻求具象建筑与抽象画意的道路上取得成功的典范，结合新艺术运动建筑风格的元素，将现代陈列功能与岭南文化有机地融合在一起，最终达到岭南画派内涵的真正高度。

岭南画派纪念馆一直秉承办馆宗旨——弘扬民族文化，继承和发扬岭南派的优良传统，不断珍藏岭南画派画家的传世杰作，推动了广东国画事业的发展及对岭南画派艺术的研究，同时加强了对外文化艺术的交流，为中国当代的文明和文化艺术建设做出了贡献。2006年年初，馆舍因年久失修，专门闭馆进行修缮，2007年11月，闭馆近两年的岭南画派纪念馆重新开馆迎展。

西汉南越王墓博物馆

西汉南越王墓博物馆位于广州市解放北路，是为保护被发掘出的南越国第二代王越末的墓而修建，是广州两千多年悠久历史的见证，是一座以南越王墓为中心建造的新型遗址博物馆，是中国政府依据《威尼斯宪章》采取的保护文物、利用文物的一个成功范例。它以保存完好的古墓原址，内涵丰富的汉代文物，典雅气派的建筑而闻名于世。

由华南理工大学建筑设计研究院莫伯治、何镜堂、李绮霞、胡伟坚等设计，分为两期进行，第一期为古墓展区，包括总体入口阙门，3层的陈列馆、古墓馆，分别于1988年2月、1989年2月建成开馆；第二期为古墓以北的珍品馆，于1993年2月建成。

博物馆占地1.4 hm^2，总体构思突出古墓主题，上盖覆斗形钢架玻璃防护棚，象征汉代帝王陵墓覆斗型封土。西汉南越王墓博物馆在历史文化内涵与现代建筑特征沟通方面取得了成功，设计不仅遵循现代建筑的设计原则，还融入了古典主义、民族传统和地方特点的元素。它先后获得1991年城乡建设部级优秀建筑设计一等奖及国家金奖、国家教委优秀设计一等奖，1993年获《中国建筑学会建筑创作奖》(1988—1992年)，在国际建协（UIA）第20届世界建筑师大会上被评为“20世纪世界建筑精品”。

清华大学图书馆新馆

清华学堂1911年建立，1912年改建为清华学校，正式建立了小规模的图书室，称清华学校图书室。1919年3月图书室独立馆舍（现老馆东部）落成，建筑面积2 114 m^2，迁入新馆舍的同时，更名为清华学校图书馆。

1991年9月，由香港邵逸夫先生捐资和国家教委拨款兴建的新馆落成，后被命名为“逸夫馆”。由清华大学关肇业院士设计，通过对建筑体量和空间构成的精心推敲，与1919年及1931年两次建成的老图书馆连成一体，成为校园中心最大的建筑。新馆占地1.8 hm^2，总建筑面积20 120 m^2，藏书200万册，各类阅览室25个，座位2 000个。在设计时，遵循“尊重历史，尊重环境”的原则，空间、尺度、色彩上既保持了清华园原有的建筑特色，力求在朴实无华之中体现深刻的文化内涵。图书馆使用了清华园老建筑遗址的红砖、灰瓦，并做了适当的细节处理，着意表现手工艺的精细，且富于历史的延续性，又不拘泥于原有的建筑文脉，透出一派时代气息。

如何与原有建筑和谐共处，是每一个新建筑都面临的问题，清华大学图书馆新馆在

这方面是成功的。在新馆建设中，将高大的中心部位后退，与老馆及大礼堂协调处理，并置主入口于院内，丰富了环境系列，形成了既富于民族传统风格又具有浓厚学术气氛的读书环境。室内以4层高的目录大厅为中心，采用通透的空间设计，主要阅览室均环绕大门布置。设计者认为图书馆应该是一处对学术信息获取和交流的中心，因此在馆中除阅览室、展厅、学术报告厅等和一些先进的技术设施外，室内外均设有供休息、交流的空间，如楼梯两侧辟有休息廊，休息廊与门厅空间贯通。

由于考虑到与环境相结合的需要，建筑的高度和体量受到了限制，导致新馆在某些方面高度不够理想，运输距离较长。各阅览室受剪刀墙等的限制，划分方法比较固定，使用上缺乏灵活性。

该建筑在1993年获《中国建筑学会建筑创作奖》(1988—1992年)，1993年获国家教委优秀设计一等奖，城乡建设部级优秀设计一等奖，国家优秀工程设计金奖。

上海博物馆新馆

上海博物馆创建于1952年，是国家级的中国古代艺术博物馆，是中国最大的艺术博物馆之一。规划用地2.2 hm^2，建筑面积38 000 m^2，地下一层半，地上5层，高度约25 m。按功能分为6个区：陈列展览开放区、文物保管库房、学术区、科研区、行政管理区、对外服务区。以“人们拥有自己的博物馆”、“博物馆是上海人民的共同财富和中华民族的骄傲”作为设计的指导，并以“历史　未来”、“现代　传统”、“科技　文化”、“人民性　民族性　国际性”开拓思路。

陈列展览开放区以地上建筑为主，采用开放式空间流动，有分有合的室内陈列布置，每层陈列区均按不同功能围绕中庭四个方向出入，既可以外部独进独出，也可以内部相连穿通。各馆都有自己陈列、展览的突出艺术特色。室内正中的阳光中庭既是共享空间又是垂直交通枢纽。文物保管库房的核心设计是以保管为中心，四周为珍藏库房，可以确保进出

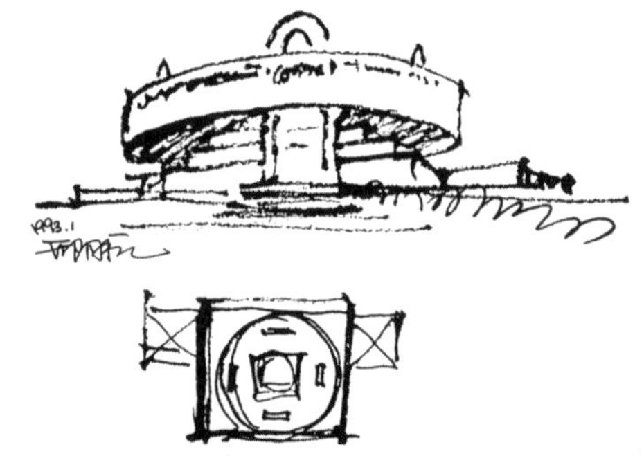

一目了然。

根据中心广场的环境与空间，考虑屋面——第五立面的重要，独具一格的屋顶，仿佛让人们鉴赏中华上古铜镜，品“天圆地方”的寓意境界。在“天圆地方”的环境里，遍植绿草、花木，并把具有艺术特色、东方情趣的中国古代艺术，以雕塑小品的艺术形象置于花园之中。

整个建筑形象凝练鲜明的特征，融传统文化又映现代科技，体现时间跨越之漫长连续，时代变革之交替过程，历史进程的科学考证。吸取传统建筑之“上浮下坚”的操行特点，试图创造永不磨面的文化及其传承。建成后的新馆将成为向人们宣传中国文化和爱国主义的教育阵地，也是国外游客的旅游观光景点，成为上海人民的骄傲，中国历史的见证。

北京西客站

1996年初竣工的北京西客站，拥有9个站台20条线路，最高客运能力远期可达每日90对列车60万人次，是亚洲规模最大的现代化铁路客运站之一，被誉为“亚洲第一大站”。

采用通过式站台，将来通过地下隧道使西客站与老北京站相连通，旅客可选择两者之一下车；由于西客站南边是莲花池及其河道，北边是城市干道，同时站台及20条线路轨道又占去很大宽度，致使站前广场深度只剩下60 m左右，不可能在一个平面内解决各种车辆停靠问题，因而采取多层次主体交叉的办法，使各种车辆各行其道，互不干扰并避免了与人流的交叉。来自地上2层、地坪层、地下1层和地下2层的出京旅客，可直接乘自动扶梯或电梯到达高架候车廊，再经自动扶梯直至站台；到京旅客可由站台向下到达地铁站，或经出站隧道到达出站口的各类停车场，还可经自动扶梯升至地面到达各种地面公交停车场，做到了旅客出入方便。此外，还为团体旅客设立专用出入口，避免堵塞一般旅客的路线。

站北广场用地受限，难以形成一个空间及观感良好的广场。为了改善其尺度和比例，把主站房分为进站、出站、团体及行李邮包三大部分，三者之间用架空廊道分隔。240 m长的前沿按功能分为几个区域，中间为进站广场，东部为公共汽车停车场，两边分别为团体和行李包货运停车场。主站房尺度庞大，象征着首都的西大门，庄重雄伟的体型、高低起伏的轮廓线和变幻丰富的光影效果，很好地解决了主站房长达740 m且长年处于阴影中缺乏阳光和通风不良所带来的弊端。

尽管这一建筑形式和功能饱受批评，但在巨型结构体系、阶梯形不规则网架、大跨度预应力重型钢结构等设计的研究方面，都已经达到了国际水平。

上海图书馆新馆

上海图书馆新馆工程于1993年9月开工，1997年6月竣工，是上海市政府全额投资的现代化、多功能大型文化设施，也是上海著名的标志性建筑。新馆位于上海淮海中路、高安路口，总建筑面积80 072 m²，由A、B、C、D四个区域组成。A区11层，高55.6 m；C区26层，高106 m； B、D两区为5层裙房，高22 m。建筑轴线尺寸为181.6 m×82 m，地下一层，A、C区分别为四、五级人防，底层为办公区域，1~4层为视、听、阅览区域，5~23层为书库。

参加上海图书馆新馆工程征集方案的单位有：建设部建筑设计院、中国建筑西南设计院、中国建筑西北设计院、华东建筑设计院、广东省建筑设计院、六机部第九设计院与上海市民用建筑设计院等七家。这是一次高水准的设计竞赛，共收到11个方案。1986年5月由戴念慈、倪天增、陈植、吴景祥、黄富厢、鲍家声等规划、建筑、图书馆专家和有关领

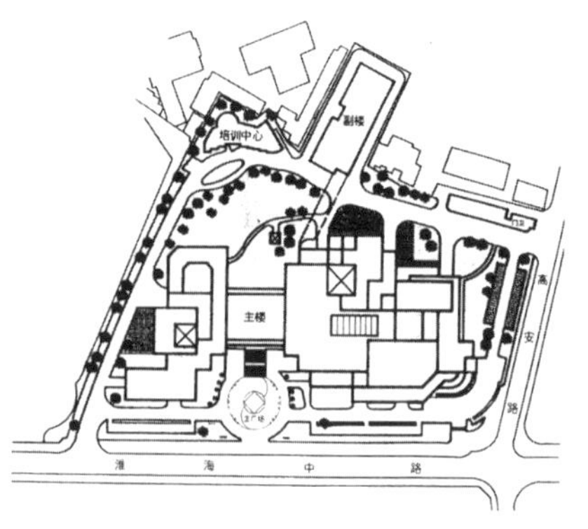

导组成的评委会对方案进行反复比较，未选出一等奖，上海市民用建筑设计院、建设部建筑设计院与中国建筑西南设计院的方案同获二等奖。

上海图书馆新馆方案征集和设计工作前后历时10余年，设计秉承“创作具有现代化功能的图书馆，布局开放而紧凑，流线清晰便捷，为使用者提供最大的方便，创造良好的室内外空间环境；创作体现时代精神与上海文化特色的标志性图书馆，以富有文化内涵的形象与总体环境立足于上海城市”的原则。建筑平面呈块状组合，立面层次高低错落，内部分区明确，环境舒适，空间开放灵活，集阅览、研究、视听、会议展览于一体。1~4层开放区为精装饰，其他部分均为普通装饰。外墙底层为光、毛相间的花岗石，一层以上为平面和异形哑光釉面砖饰面。

该建筑荣获1999年度国家优质工程金质奖，1997年获上海市“白玉兰”奖，1998年荣获鲁班奖。

外研社办公楼

外研社办公楼建成于1997年，地处北京西三环北路与厂洼路的交叉口，力图营造城市空间与建筑空间的融合和渗透。用地面积约0.75 hm^2，总建筑面积16 000 m^2，地下1层，地上11层。

设计中采用了减法，将建筑外轮廓保持在50 m的外墙基线上，而将多余的面积从中间减掉，从而保持了体量的完整性。另一方面，沿街立面中由天桥和周边建筑轮廓构成的巨大的洞口，其尺度的夸张也再次强化和突出了建筑的体量感，从而使之与久凌大厦取得了城市设计概念上的平衡。

立面设计中，将立面的视觉中心，由通常的主入口门廊处上移，3层以上跌落的平台和方格桥脚所构成的巨大门洞吸引了人们的视线，透过门洞可隐约看到内部空间层次的延伸和变化，于是立面由一般二维的平面，转化为立体的三维，产生了丰富的视觉效果。

建筑设计强调的是“到位”，因此在这个工程中，力图向国际水准看齐，建筑师不仅主持从方案到施工图阶段的建筑专业工作，也要仔细协调各配套专业工程师的工作，同时还要参与室内设计和环境设计，甚至与雕塑家、画家讨论创作的命题。

北京恒基广场

恒基中心是一组城市建筑群。从城市设计的角度，恒基中心的体量和轮廓线必须与北京火车站前街西侧已建成的建筑轮廓线均衡，以烘托火车站为对景的轴线。建筑高度主要以西侧已建成的建筑为依据，由南到北为18 m→35 m→45 m→60 m。为了强调东西对称，在东侧也建了一个与西侧对位的高起部分。为使沿长安街的建筑形象有一定的标志性，并与路北高耸的国际饭店呼应以及考虑到长安街从东向西的形象和容积率的要求，在恒基中心用地东北角建造了一个80 m高的高塔，塔尖高110 m，突破了规划60 m限高。此高塔丰富了长安街从西向东的轮廓线，作为对景其处理是得体的、相称的。

恒基中心力图创造功能多样、组织有序、协调互补、有效使用土地、个性鲜明的群体建筑形象。它的内涵是成为城市居民心目中的活动中心，而不是封闭的独立王国。为此在规划建筑方案过程中除了做好办公、商业、旅馆等个体的功能分区之外，特别强调用内院对内形成公共空间，把建筑群的各个部分有机组织在一起，对外与城市空间沟通，使内院和裙房（包括地下1层和2层）形成城市开放空间，或曰“城市起居室”。

从环境与功能出发，商业区主要集中在靠近火车站前街一侧，旅馆区安排在南端靠近火车站，办公楼设计在临长安街一侧，商住楼临东辅路。

NIVERSA

恒基中心建筑的每一开间都按“三段论”的构图方式进行了精确的推敲，基座、中部和檐部都有很好的比例。基座部分由3层楼组成，中段部分为简洁的条形窗，檐口部分为高度抽象、概括的古典线脚。裙房的三段式立面又作为整座建筑“三段式”的基座部分。重要的是整幢建筑重复使用相同的几个母题，即相同或相近的“三段式”构图、相同的材料、相同的细部和装饰。

恒基中心的设计在注重建筑本身的同时，也很重视环境的设计。绿化、广场、及至广场上的栏杆、庭院灯、座椅等也都让人过目不忘，具有较高的设计质量。

重庆大都会广场

重庆大都会广场位于重庆市商业中心解放碑，是香港和记实业有限公司投资的一项超大型商业建筑。总建筑面积235 000 m^2，总投资约18亿人民币，8层商业裙房，二层地下室，上置33层办公及33层四星级酒店各一座。其包括商场、餐饮、美食广场、溜冰场、游泳池、娱乐、电影院、网球场、保龄球场等功能。

设计方案对超大型商业裙楼采用了整块布置方案，将不同功能集中布置在一个完整的裙楼内，充分利用建地，作到经济合理。裙楼内部，采用了多中庭、不同功能合理分区，将商场、餐饮等围绕布置在中庭周围，形成了室内空间广场，营造了生机勃勃的商业气氛，为顾客提供了一个优美舒适的购物环境。

建筑周边环境绿化设计利用裙楼大面积屋面，创造了一个翠绿葱葱，宁静优美的屋顶花园。临街面沿建筑周围在建筑与人行道间设置绿化带，主楼面对解放碑广场留出了大片广场，将绿化、喷池、灯饰、广告橱窗合为一体，形成了与室内外相结合的绿化广场，优化了建筑与城市环境。

建筑立面造型设计塑造丰富多彩，美观大方，具有强烈的时代气息和浓郁商业建筑特色。建筑投入使用11年来始终保持着时尚感，其设计的超前性得到了充分体现。建成以来先后获得第二届詹天佑土木工程大奖、重庆市优秀工程一等奖、建国50周年重庆十大建筑等奖项。

ERICSSON
爱立信

北京国际金融大厦

北京国际金融大厦位于西长安街南侧，建成于1998年，整个工程占地约1.8 hm^2，地上14层，1层为银行营业大厅，2~13层为办公，14层为餐厅。大厦由4个相对独立的办公楼和两个弧形连接体组成，是一个集办公、银行营业厅及银行必备设施、快餐厅和车库为一体的综合建筑。在尊重整体格局的前提下，努力创造有个性，富有时代感的建筑是设计的另一个主导思想。与城市总体相融合协调，并不意味着新建筑要一味地对四周已有环境曲意逢迎。

由于长安街一线规划对建筑设计高度有严格的限制，因此在整洁划一的体型下，运用前后两排建筑之间的高度变化，丰富了建筑造型，增加了层次，同时利用透视的原理，减轻了建筑高度对街道的影响。面积和容积率采用了化整为零的手法，大厦将巨大的体型分解成三大部分，即：中央大厅及尖顶，4个办公楼，两个巨大的弧形连接体。

设计中把东西两侧尽量做得整齐有序，这样将引导新的开发项目沿着整齐的城市格局结构向东侧发展。在建筑顶层用两个巨大的弧形连接体，将4个办公楼两两相连，流畅的曲线打破了长方形构图的呆板，使整个建筑活泼而富有生机。在立面构图的主要组成部分——幕墙的设计中采用了现代建筑材料与传统图案相结合的方法，试图创作

座
BLOCK C

一个既体现时代精神，又具有民族特色的新建筑。

这座由4座天桥连接，南高北低错落有致的大楼就是国际金融大厦，大楼外饰樱花红大理石，辅以中式格栅图案的玻璃窗，线条明快，排列有序，走进宽敞明亮的中央大厅仿佛整个世界就在你的脚下，而头顶上则是直径达16 m的玻璃雕塑，宛如一颗硕大的钻石镶嵌在群体建筑之中，使人遐想不尽。其出色的设计荣获当年度首都“十佳”建筑设计一等奖。

北京植物园展览温室

北京植物园展览温室是北京市迎接建国50周年的重点工程，展览温室建筑设计由北京建筑设计研究院承担，位于北京著名的游览区香山脚下植物园内，三面环山，与贝氏设计的香山饭店隔山相望，于1998年3月28日动工兴建，2000年1月1日开始接待游人。展览温室建筑面积9 800 m^2，占地5.5 hm^2，投资2.6亿元，是目前亚洲最大，世界单体温室面积最大的展览温室，其面积比昆明世博会温室还大一倍，堪称中国建筑史上的大手笔。

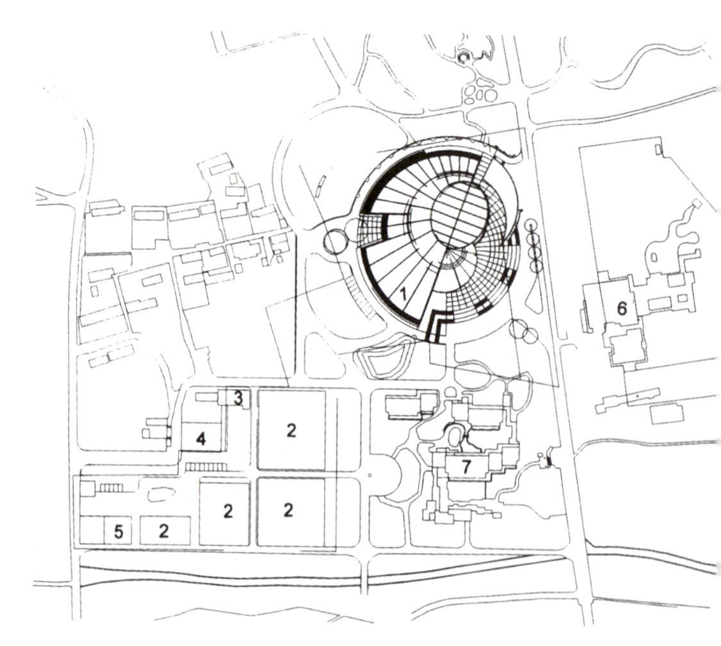

北京植物园展览温室位于北京植物园内中轴路西侧，总占地5.5 hm^2。规划考虑到原有低

温温室及东面盆景园间的相互关系，将新建温室主入口放在东南角，设前广场，满足三者的共用要求。展览温室、预备温室、原有温室及实验科研管理用房统一规划合理布置，满足温室维修及植物更换要求，采用的是集中式布局。展览温室是通过人工创造适宜的气候条件用以搜集和展示各类不同植物的场所。它可以保存植物资源，保护生物多样性和为公众提供增长知识，寓教于乐的科普教育机会。

展览温室是建筑中的花园，更是花园中的建筑，建筑师、工程师及园艺师共同合作的这个作品，其艺术形式与复杂功能的结合实现了新的创作观。采用钢结构制成点连接玻璃幕墙，室内环境全部自动化控制，使这一建筑成为高技派生态建筑的典型代表。本工程被评为北京20世纪90年代十大建筑。

海南博鳌金海岸大酒店

海南博鳌金海岸大酒店位于风光秀美的海南省琼海市博鳌镇，位于海南省东海岸三大河流入海口处，位置可谓得天独厚。基地三面环水，有良好的自然景观。酒店由两个客房楼（3层）和一个本馆楼（5层，2层公共用房、3层客房）三部分组成。建筑面积22 368m^2，120间客房。酒店评定为五星。结构体系为多层框架结构。

酒店以朴素的外观形态，多层错落的体量、平缓简洁的坡屋面形式、分散灵活的空间布局来取得建筑与环境的融合、共生关系。建筑材料的选用上不以华丽、高档取胜，而是以白色涂料墙面为主，点缀精心选择的天然材料木与竹，以期营造朴素自然而不失雅致的面貌。色彩设计上以素雅为根本：外墙采用白色高级防水涂料；深棕色木饰；首层外挂灰色花岗岩，以增强厚重感和稳定感；屋顶采用雾绿色BHP压型钢板，取代厚重的瓦屋面，给人明快、清爽的感觉，取得与环境色彩的协调。

作品卷

北京现代城A区（SOHO现代城）

北京现代城是集办公、公寓、购物、娱乐于一体的大规模、高标准、现代化城市建筑群。它位于作为“中国第一街”的长安街东延线的建国路的南侧。现代城东临京通高速公路起点，是由东侧进入北京城的必经之地，西靠中心商务区（CBD），地理位置十分重要。首期建筑面积逾15 hm^2，并建造超高层建筑，将成为北京市具有标志性的建筑群之一，堪称为“北京东大门”。

北京现代城东西长达280 m，建筑主体高度均在60 m以上，在充分考虑经济效益和建筑物本身的使用要求的基础上，方案将现代城由东到西划分为

A座、B座、C座和D座4个单体建筑。其中，东端A座是132 m的超高层建筑。每幢建筑均以正方形平面和立面构图，达到最合理和最经济的使用效率。同时，在4个建筑之间留出了宽25 m的3个巨形空洞，使阳光和暖风尽可能多地穿过建筑群，缓解了大型建筑与城市街道之间的矛盾，避免了"街墙"效果，体现出建筑关怀城市生态环境的思想。

方案将A座避难层扩大，并和D座设备层以及B座、C座屋顶连接在一起，以流动的曲面屋顶形成一个3层高度的绿色长廊，在此办公、居住的人们能够跨越各建筑的界限，在这里交际、休闲、娱乐和锻炼，人们沐浴着明媚的阳光，呼吸着清新的空气，享受着花草与绿水的清新，感受着新型城市环境中人与人之间的友善与亲情，从而使"北京现代城"成为人与建筑的共生体。

北京现代城力图通过立面的细部刻画来体现中国传统建筑与北京地域特点，选择"正方"这一曾经广泛地应用于中国古建筑和城市规划布局中的要素，作为立面构图的基本单元，亦使庞大的建筑群呈现出完整统一的风格。各单体建筑入口被处理成墩实的拱形大门，高度跨越5层，雄健有力地衬托着主体建筑，并把整座现代城牢牢地根植于大地之上。

深圳市基督教堂

基督教深圳堂原址在深圳市和平路22号，因原教堂太小满足不了新的使用要求，故深圳市政府在梅林路花果山边划拨4 000多m^2土地给深圳市基督教会另建新堂。本工程为中标设计项目，1999年完成设计，2000年初开工，2001年11月竣工并投入使用。总用地面积4 451.50 m^2，总建筑面积7 514 m^2，地下六层（含夹层），地下一层，总高28.8 m，局部总高63.1 m。

建筑基地在山坡上，东西高差12 m，为结合地形，建筑的基地从西向东升起，增加了建筑的雄伟感和挺拔感。该教堂背靠青山，与自然交融，以此追求建筑如同土地中生长出来的有机效果。在平面布局上，主礼堂和副礼堂是重要的功能空间，设计上采取纵向叠加的方式，将主堂置于副堂之上，其他功能用房设于前后或周边。按照基督教的习惯，两礼拜堂均满足了通透、明亮、宽敞的设计要求。在外形上，我们看到两片厚重的弧形墙由东向西逐渐升高，给人一种向上的力量感；弧墙支撑的透空复顶洒下均匀的光影，且天空中浮动的彩云给人与上帝更加接近之感。菱形钟塔更是这种力量的延续，达到一种“天地交融”的意境。

南开大学附中
基督教深圳堂

辽宁友谊国际会议中心

辽宁友谊国际会议中心位于沈阳北陵风景区西侧湖畔，是集住宿、餐饮、会议功能于一体的准五星级宾馆。从20世纪50年代至今曾经接待过我国重要领导人和国际上知名人士以及国外元首，在国内外享有较高的声誉。

改扩建规划主要是保留环境中历史的印记和植被，让新建筑根植于美丽的周边环境中，形成地域特色与环境共存互融，不求气势，但求得体，注重平淡，杜绝过分装饰。运用特殊结构构造、材质和景观造园手法，大胆尝试大体量建筑在环境中的“消融”感。

以开放、通透、符合空间构成新建筑主体，

以空间、视线、交通组织将建筑各部分功能联系起来，使新建筑形成复合、多向的空间属性，形成互补、互通的相关空间格局。同时将景观庭院与空间视线编制到设计的主旋律中，将历史的记忆和现代艺术氛围融合于变换的景象中，扩大了建筑空间的心理视野。

该项目荣获2004年大连市优秀工程勘察设计一等奖，2004年辽宁省优秀工程勘察设计一等奖。

中国科学院图书馆

中国科学院图书馆建成于2002年，总建筑面积41 000 m^2。其设计在建筑的公共性和文化性方面进行了有益的探索，其公共性表现在对所处城市空间的呼应关系，对入口前庭的开放性处理以及大台阶和柱廊所形成的公共性尺度；其文化性则表现在对建筑文化殿堂式的歌颂，对材料永恒性的定位以及对屋顶檐口文化性的隐喻。除此之外，对建筑空间的有力控制，在建筑细部上的技术性把握，也都体现出设计者的成熟和潜质。

建筑整体围绕着一个向西南开放的内院展开，内院源于对传统四合院背后意义的新解释，它带给建筑的能量——阳光、空气、景观，这便是方案所追求的新模式：集中式的便捷，分散式的环境幽雅，被融汇在一个理性的平面中，从而确保阅览空间的采光通风。进入图书馆的序列被有意识地设计成阅读建筑的过程，在此展开了中国传统空间的叙述性，使“走建筑”、“读建筑”成为可能，一系列重要事件的连续发生尤如传统空间序列，其中内院正对的庙宇已改为知识的殿堂，而这一过程并没有神的意味，更多的是开放的图书馆显示的文化品质。

中国美术学院

中国美术学院新校园建设项目主要为教学教辅用房及各项配套设施，可对外开放的美术文化设施。校园设计旨在科学合理地建设一座符合现代化办学条件，带动周边景区环境整治，将南山路沿湖地段建成集教学、科研、艺展活动为一体的高层次新模式文化景区。

校园设计因地制宜，在经营建筑群体开放空间格局和承续历史传统建筑特色方面进行了有意义的尝试：体现至中意念。以中部主入口为校园中心，设复合型的核心建筑，交会纵横方向、不同高度、不同层面的空间序列，构成纪念性文化广场的主题空间，突出美院的精神实质。建筑物沿用地周边布局，教学建筑均南北朝向，这对艺画尤为重要；沿街文化设施则直面社会，动静有别互利互善，最大限度地形成校园中心的共享绿地和运动场地。核心建筑底部架空，校园视线纵贯南北。

群体形态强调“通”、“透”、“空”，建筑与景园共享互融。采用底层架空和江南建筑特有的高墙、深院、窄巷等处理方法，化解用地狭小、建筑密度过高所导致的空间拥堵感。以水墨韵味的黑白灰作为校园建筑色彩基调，把握空透变化，增加建筑可视层面的灵动感。在细部处理中，着意贴切地方特色，使建筑外观沉厚有力，历久弥新。

新疆国际大巴扎

新疆国际大巴扎具有浓郁的伊斯兰建筑风格，在涵盖了建筑的功能性和时代感的基础上，重现了古丝绸之路的繁华，集中体现了浓郁西域民族特色和地域文化。它是新疆商业与旅游繁荣的象征，也是乌鲁木齐作为少数民族城市的景观建筑，又是新疆的标志性建筑。占地面积近4 hm^2，总建筑面积100 000 m^2。

该建筑以传统磨砖对缝与现代饰面工艺相结合的处理手法，不作舞台布景式的建筑语言堆砌，体现空间和光影的变化，在涵盖了现代建筑的功能性和时代感的基础上，重现了古丝绸之路的商业繁华，其浓郁的民族特色和地域文化对中亚及中东地区的辐射极具亲和力。该建筑包括100 000 m^2超级建筑群，6 100 m^2大巴扎宴会厅，8 000 m^2大巴扎美食广场，3 000 m^2大巴扎欢乐广场，600 m^2大巴扎室外表演广场，80 m新疆第一观光塔，1座观光伊斯兰清真寺，1个露天大型舞台。

新疆国际大巴扎是世界规模最大的大巴扎，集伊斯兰文化、建筑、民族商贸于一体。

中国银行
BANK OF CHINA

博鳌BFA会议中心索菲特酒店

博鳌BFA会议中心索菲特酒店位于海南省琼海市博鳌镇东屿岛东北端，万泉河入海口。东侧隔玉带滩与浩瀚的南海相望，北部为博鳌镇，西边紧邻沙坡岛勒克斯高尔夫球场，南面比邻沙美内海上生态观光区。规划干道从岛的西南端引入，直达会议中心。博鳌亚洲论坛会议中心暨索菲特大酒店工程是专为亚洲论坛的设立而兴建的，是该论坛的永久性会址。博鳌BFA会议中心索菲特酒店是集会议、住宿、旅游度假为一体的综合性建筑群体。由53 349 m^{2}的五星级索菲特度假酒店、29 147 m^{2}的亚洲论坛会议中心（永久性会址）和8 620 m^{2}的后勤娱乐

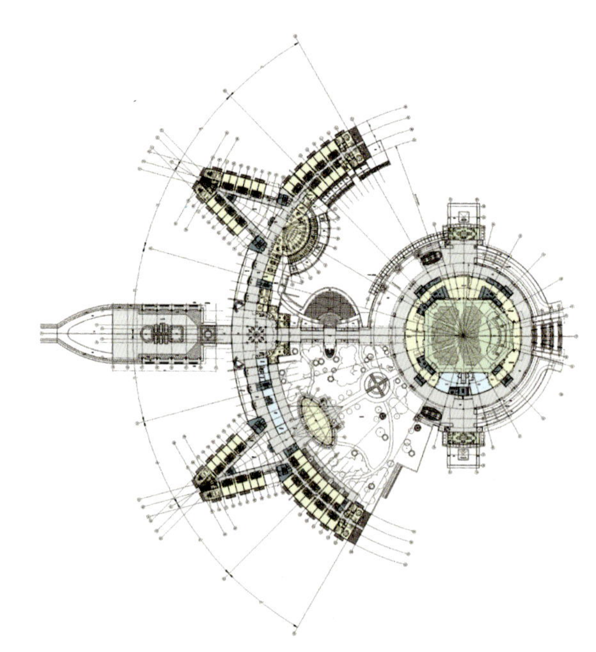

区3部分组成。

该建筑群体采用集中式布局，构图呈扇形。平面形状似远洋巨轮的锚链。圆心处为3层体量圆形的亚洲论坛会议中心，局部6层的酒店在会议中心北侧呈扇形围合，两者间距90 m。中间地带布置后勤、娱乐、商业用房及屋顶花园。酒店主入口设在建筑群体北侧，会议中心主入口在群体南侧连接岛内主干道，形成南北方向主轴线。

建筑主体空间布局将群体分为3部分。北部酒店区：结合建筑布局创造出多种格调的室内外休闲空间，营造出静逸、私密、舒适的空间氛围，为客人提供惬意的室内外环境；南部会议中心区：营造开放、庄重、严谨中不失活泼的外部空间环境，通过林荫大道、多国旗位、礼仪广场、喷泉、大阶梯、平台空间序列的设计，逐步渲染会议气氛，烘托论坛的庄重、典雅的氛围；中部景观区：在南北轴线以东布置了绿岛环绕的万泉广场，这一半私密性空间，有限度地对旅游参观者开放，提供小憩、购物的场所。在南北轴线以西，6 m标高设置了精致典雅的屋顶花园，这一半私密性空间，为参加会议人员、酒店客人使用服务。

冯骥才文学艺术研究院

冯骥才文学艺术研究院位于天津大学青年湖畔，其功能分为文学研究与艺术展览，建筑面积约6 000 m^2，建成于2005年。设计结合校园环境，以大尺度的方形院落将主体建筑及保留大树围建其中，在尊重校园空间秩序的同时，力求围合出宁静幽深的书院意境。项目采用简约的现代手法以简洁的几何形体表现建筑的纯净。以抽象的形体塑造和光线的应用突出建筑的现代感，以建筑空间的层次变化和对景手法的应用，表达中国建筑传统的意蕴，并通过环境设计强调建筑与人和自然的交融体现天人合一的设计理念，深化建筑的文化内涵。

该项目以其简洁的外形静静地隅于校园一角，而斜向扭转的建筑和穿插布置的水池，则突破方形网格的束缚，活化出外拙内透的空间形态，于平淡中出神奇。设计者在营造院落空间的层面上做了创造性的尝试，院中主体建筑首层架空，近千平方米的人工水体贯穿其下，既沟通了南北庭院，也为整座建筑带来了灵动与生机。

在方形场地的限定下，设计结合场所环境将用地划分为南北两个楔形庭院，中间安排主体建筑，其远眺视线一直延伸至北侧湖面。院落四周用开凿巨大空洞的墙板围合，地面结合绿化、铺面、水体构成一个“蕴涵文化气息、生气盎然”的室外空间。

建筑主题墙面采用素混凝土饰面和灰砖。在预算极为紧张的条件下，建筑师和施工人员密切配合，“发明”了在加骨料的抹灰面上先用电锯进行纵向切割再辅以人工凿毛的施工工艺，在极低的预算内实现了很好的效果，出色地配合了建筑物的性格。

整组建筑语言质朴简约，强化了建筑与自然的和谐共生及当代审美与传统意境的融汇，近而传递出该学院应有的文学艺术气质及建筑物主人超然的职业素养。

中国石油大厦

中国石油大厦是中国石油天然气集团总部办公楼。北京市建筑设计研究院的设计方案在国际投标中入围(第一名)。工程建设地点位于北京市东城区东二环交通商务区北部,东直门桥西北部,与东直门交通枢纽相对。总用地面积约2.3 hm^2,总建筑面积20万m^2。功能包括办公、会议、展览、商务、数据中心以及档案、食堂、健身活动中心等附属服务设施。

群组化的协调单位:为化解南北347 m的狭长用地的不利条件,经过多轮方案比较,最终选定四个“L”形的协调单元衍生建筑集群。创造性地解决了300 m街墙的设计问题,提供了东西两条街道的景观联系,最大限度地提供了南北朝向的办公室。

一体两翼的空间格局:北部集群为集团公司和文化广场,南部集群为股份公司企业广场,中部为总部的核心区主中庭。长达260 m的公共空间贯穿基地的南北两大集群,体现了总部的凝聚力和超人的魄力。

办公建筑的中庭系统:中庭空间营造高效、舒适、纯净的办公氛围,处处流露着高贵卓越的空间品质,激励和鼓舞办公人员的工作热情,同时给业主和访客留下深刻的印象。高标准的人均立体绿化,提供了内部和谐的生态环境。

合肥市政务文化新区政务中心

合肥市政务文化新区政务中心包括市委、市人大、市政府、市政协四大班子的行政办公、会议、展示中心、接待中心、档案馆、停车场、人防指挥中心等，它是合肥市的最高行政机构，也是带领全市人民改革开放、与时俱进，进行社会主义现代化建设的指挥中心。

新的政务中心拟建在合肥政务文化新区东流路以北、怀宁路以东、休宁路以南、潜山路以西地段，它是规划建设中合肥市政务文化新区的中心地带，也是未来合肥市的行政文化中心。总用地面积约21.8 hm^2，总建筑面积约为182 562.77 hm^2。

主楼为两栋“叶片状”对称式超高层建筑物，其中东座主楼为市委与人大办公楼，西座主楼为市府与政协办公楼，两栋建筑物呈60°夹角布置，建筑间距21.00 m。主楼为型钢砼框架—钢筋砼筒体结构，柱距开间为8.40 m，进深为10.40 m，能够合理地布置标准办公用房、空中花园和附属配套用

房。核心筒内布置6部客梯，1部专用专栏、1部消防电梯、两部防烟楼梯、设备竖井等。

会展中心位于该建筑群中心，其平面为圆形，由3层建筑组成，其中庭为贯通三层直径约为40.0 m的圆形阳光大厅，一层为展厅、接待大厅及小会议厅，二三层为各种功能的会议厅、接见大厅等。会展中心内设置自成体系、功能完备和设施先进的会议、展览用房，如大型接见厅、常委会议厅、电视电话会议厅、多功能厅及不同规模的会议空间，它为领导决策与研究政务大事提供必要的场所，是政务中心建筑最重要组成部分。

建筑造型设计基于上述构思及理念，努力追求富有独特个性的建筑形象。其立面设计简洁、庄重、大方、得体，通过大裙房、大台阶、大坡道和高技术、个性化的建筑造型，给人以强烈的震憾力与感染力，并通过空间的交错、渗透以及立面肌理、材料等的对比与变化，创造出一个具有强烈时代特色、反映国家权力机关庄严雄伟气势的政府办公建筑形象。它既是民族的，又是现代的，它应是当今建筑技术发展水平的综合反映。

福建医科大学

福建医科大学新校区位于闽侯上街镇福州大学城内北部，距福州市中心直线距离10 km，地理位置十分优越。新校区在大学城的北部，用地由城市道路围合而成，东临361国道，南北向均为国内大学规划用地，西面则是大学城的宿舍区，占地面积约63.8 hm^2（校园总用地面积），总建筑面积56 184.30 m^2（首期）。

整个校园分为4个功能区：行政区、科研区、教学区及运动区。首期建筑单体主要分布在教学区，包括综合教学楼、基础医学院、教学实验中心、公共卫生学院、解剖楼等。

总体规划很好地解决了用地非正南北的问题，

整体布局空间有序而富有变化，一气呵成。建筑形象简洁大气、雄浑开阔。建筑立面材料以浅色面砖为基本色调，部分采用石材，形成了沉稳、典雅的校园特征，现代而不轻飘、浮躁。虽然设计中的前广场和2~4号楼功能各异，但是经过材料、立面、空间的处理，获得了一种内在有机的联系，形成和谐的建筑群。

该建筑荣获2005年度建设部部级城乡优秀勘察设计三等奖、广东省优秀工程设计二等奖、市第十一届优秀工程建筑设计三等奖。

深圳大学城·清华大学园区

深圳大学城清华大学园区规划设计采用单元链接式总体布局，针对现代高等教育新技术更新快、不可预见性强的特点，采用高适应性的模块化设计。中央廊道成为各种设备管线的开放式载体，水、电、空调、智能信息接口均单元化成组布局，最大限度地满足高等教育可持续发展的功能要求。

建筑外围护结构采用塑钢窗、中空玻璃和水平遮阳反光板，在设计大面积采光窗的前提下，大大降低了办公、教学空间外围护结构的传热系数，有效降低中央空调能耗。

会议厅设计采用大高差观众厅设计，使每个座位都具有良好的视线效果，增强交流双方的互动可能。

建筑声学设计方面和华南理工大学声学实验室合作进行声学模拟，以达到良好的混响要求。

园区水景维护方面，与清华大学合作采用高性能太阳能发电水循环技术，在维护良好景观的前提

下利用清洁能源。

学生食堂设计“文丘里管”，利用温室热差组织大厅在非空调状况下自然通风。

学生宿舍生活热水供应采用太阳能集热装置中央集中供应，在屋顶设计安装太阳能集热器。

该园区荣获广东省第十二次优秀工程设计二等奖、广东省注册建筑师协会优秀建筑提名奖、深圳市第十一届优秀工程二等奖。

云天化集团总部办公楼

云天化集团建造新的总部大楼并非仅仅是为了实现一个普通意义上的办公场所，而是希望凭借新总部的建设，充分展现企业精神，建立起“云南最具影响力企业”的品牌形象，使之成为其走向市场化、全球化的新坐标。在充分研读地块与城市环境的关系、深入了解云天化集团的发展进程之后，我们选择了合适的建筑语汇表达出业主的心理诉求，获得业主的认同并得以实施。

为延续云天化集团历史上与“水”结下的不解之缘，业主希望园区内能注重水景的塑造，但并未对其具体的形式作出更严格的限制。在总体规划中，我们以“水”作为环境构成的主线，利用空间的收放营造步移景异的效果，将总用地分为3个区域，其中的办公科研区域用地定为54 000 m^2，三者既相互分隔，又紧密联系。而办公楼周边逾8 000 m^2

的水面，超越了业主的心理预期，成为建筑外部空间形态的重要构成元素。

整个办公科研区域的设计着眼于点、线、面的几何构成，正方形与矩形、方形与圆形、直线与曲线的对比，干净利落的布局形态形成简洁大气且变化丰富的空间层次。在总体布局中，我们将办公楼退离滇池路60 m，远远大于规划要点中退10 m的要求。这一超越规划条件要求的大退让，显然降低了基地利用的有效性，是一般的业主难以接受的。但只有这种尺度的退让，才能减弱建筑体量造成的压抑感并形成一定的观赏距离，更好地烘托建筑主体；同时在一成不变的道路空间中形成舒缓透气的“港湾空间”，对城市整体空间构成作出贡献。我们的业主相当开明，他们在听取我们陈述的理由之后表示出的支持以及主管部门的认可对于整个方案

的贯彻和最终的效果起到了非常积极的作用。

浮于水面的办公大楼在满足建筑高度不超过24 m的条件下，以135 m的长度横向展开，形成水平方向的气势。利用金属、玻璃以及石材的搭配组合，通过律动的变形柱竖向序列，使得建筑既尊贵高雅又轻巧通透地舒展于水中，与水面倒影相映成趣。

建筑周边的柱廊序列首先满足对于屋面构架挑檐的支承要求。截面沿悬挑方向变化的变形柱，既减少了构架的相对悬挑距离，又成为建筑抵挡昆明高强度日照的遮阳体系。沿垂直方向变化的椭圆截面构成不规则的曲面柱形与建筑主体的横平竖直形成鲜明对比，得以凸显其丰富的韵律和强烈的视觉冲击力。

科技楼利用建筑造型元素和建筑空间的变化，演绎出三维立体构成的云天化标志精髓。屋顶花园的构架支承于建筑四角的片墙上，实墙与玻璃和柱廊形成强烈的虚实对比。底层外墙覆土的斜坡造型构成科技楼稳重大方的基座，引申为“山”的形象，与办公楼周边巨大的水面形成“山”“水”之间的对话。

望京科技园二期

望京科技园二期位于望京新兴产业区北部，五环路南侧，是一个配套齐全的办公建筑。项目建成于2004年，总占地面积近2.6 hm^2；建筑面积46 297 m^2，其中地上37 048 m^2，地下9 248 m^2。该建筑地处城市边缘，容积率较低，环境较好。建筑布局仍然采用占边的方法，以便形成秩序，同时在一期的北侧形成广场，景观绿化贯穿整个用地并使二期与一期之间形成良好的关系。

设计者主要遵循以下设计概念：建筑设计应该以城市为基础，对破碎的城市结构进行修补而不是使城市结构更加破碎，建造一个和谐优美的城市比修建一个漂亮的建筑更重要；注重将几个简单造型通过空间的连接形成独特的建筑形式和丰富的室外空间；利用技术使建筑局部表现出某种有悖于传统结构逻辑关系的造型，在严整的造型中表现建筑的个性。为了追求一种现代、高科技的感觉，整个建筑均采用玻璃幕墙做外立面。根据建筑体型的变化与内部功能的使用要求，玻璃幕墙的形式也随之变化：有隐框单元式玻璃幕墙、密肋式玻璃幕墙、显框分格渐变式玻璃幕墙及双层通道式玻璃幕墙。通过精心设计的构造节点，变化的组合方式及印刷玻璃的运用使建筑从不同角度看上去都晶莹剔透。

拉萨火车站

拉萨火车站位于拉萨市西南的堆龙德庆县柳梧乡境内，海拔逾3 600 m，距离布达拉宫近20 km，是整个青藏铁路的终点站。由中国建筑设计研究院设计，2006年竣工。

整个火车站为藏式装饰风格的两层斜体建筑，设计理念最大限度地体现人性化。站房建筑面积达2.36万m^2，高度22.9 m，依山而建，环绕山体。1楼中央大厅设有大型软席候车厅和3个贵宾候车厅，面积分别为800 m^2和近700 m^2；2楼大厅南侧设有普通候车厅，面积达1 760 m^2；北广场面积达10万m^2。

拉萨火车站共有6个站台，其中两个是备用站台，可同时进出10趟列车，每天旅客吞吐量可达2 700人。站台近6万m^2的无柱雨棚更是拉萨火车站最亮丽的建筑之一。

拉萨站

哈尔滨国际会展体育中心

哈尔滨国际会展体育中心对于哈尔滨市经济最本质的意义在于通过更大范围的开放、更实际的比较、更精确的选择、更有效的配置，使哈尔滨出现一个新的题材并具有长远意义的新增长点。项目建成后产生了巨大的集聚和辐射效应，为把哈尔滨打造成为东北亚经济圈国际性中心城市起到推波助澜的作用。

哈尔滨国际会展体育中心创作以“发挥场地效益、合理调度功能”为原则，充分考虑城市景观与环境承载力，力求布局合理并兼顾远期发展，使项目建设具有综合的环境效益与社会效益。工程由3部分组成：1号工程为2 500个国际标准展位的国际展览中心、综合训练馆、体育馆；2号工程为国际会议中心和宾馆，是含1 800座会议厅兼剧场及多种规模的会议厅以及一座 38 层总高度169.70 m的宾馆；3号工程为

5万人体育场。由于设计内容的特殊性——会议、展览与体育建筑几种超大尺度的公共建筑相结合，既为设计成果的创新提供了便利条件，也成为当今建筑创作热点——为建筑技术的表现提供了理想的实践平台，更是检验会展经济综合效益的最佳途径。该项目建成于2004年，建设规模为32万m^2。

国际会议中心和宾馆部分平面形式为富于生机的“叶”形，既隐喻建筑与自然的和谐，又通过“叶子”的上、中、下部设置的3个中庭空间将平面功能有机地组织在一起。建筑内部功能紧凑、有序，空间设计收放自然、适度。3个大小不同的中庭既缓解了大量人流带来的交通紧张，又创造了充满动感活力和凝聚力的公共空间，使空间更具流动性、开放性和多功能性。为改善高层环境质量，我

们在塔楼顶部设6组边厅共享空间，作为地面公共活动在垂直方向的延续和补充。更为重要的是，通过这组边厅将阳光、绿化、空气等自然生态元素引入高层建筑，赋予建筑更为完善的生理机能。

训练馆和体育馆设计均按标准比赛场地考虑，同时也兼顾体育建筑与会展建筑的互补。室内训练馆部分为综合训练馆的核心内容，所有建筑空间均围绕它进行组织设计，其功能具有长期性和开放性两大特点。结构形式采用单层大跨钢结构索拱体系，为田径馆及乒乓球馆提供了无柱大空间。从自然采光和节约能源的角度出发，我们在造型设计上采用南高北低的做法。南面利用点驳接玻璃幕墙作为间接采光面，形成采光廊，避免眩光。此外屋面每隔15 m设置面积为660 m^2的三角形玻璃天窗，由自控系统控制启闭，可获得良好的通风和火灾状态下的排烟。

在会展体育中心的创作中不仅着眼于每个单体建筑自身功能和形象的塑造，更注重从整体建筑群出发，提供更多的功能组合，便于灵活多样的利用空间，促进建筑群各组成部分间的有机协同运作，从而提高使用效率。这种相互交叉、相互渗透的分区，使每种功能与空间都可以借用其他功能与空间来完善自己，产生一种既对立又统一，多元交织共生的整体环境。只有从宏观层面提高建筑空间系统的适应能力，将其各方面功能要素整体协调考虑，才能最大程度地发挥其功效，使之具有可持续发展的生命力。

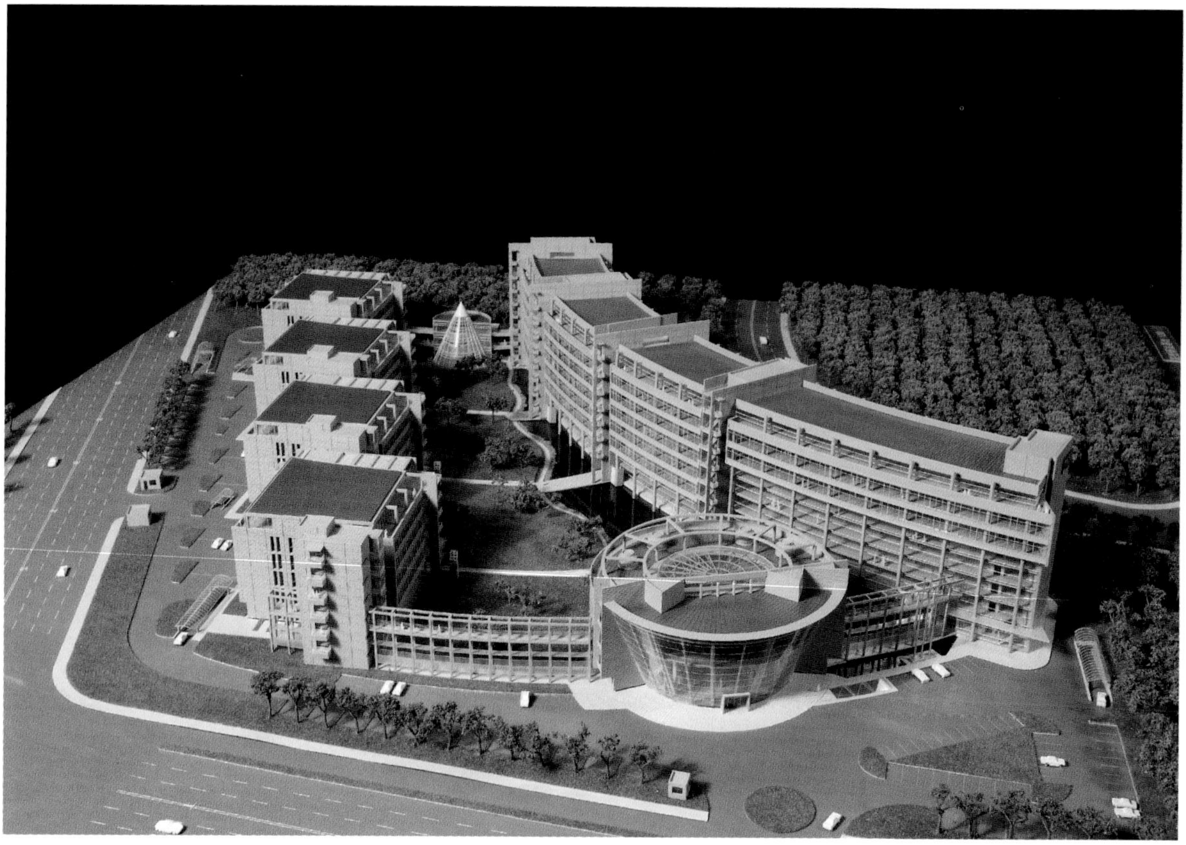

联想（北京）研发基地

联想研发基地位于北京市上地高科技产业基地1号地段，地下1层，地上4～8层。联想研发基地沿规划道路将建筑单体分为东、西、南、北4组，顺应用地轮廓将外围紧密控制，取整体连贯线性排列，南北两组为研发用房，分别以弧线和折线对应庭院，东西为点式单体对景布局，以流水贯通，并用弧廊将东、西、南、北楼第三层相连，设参观专用通道，建筑组团对外连续围合，对内是轻松布局的草坡，流水、石桥、瀑布等园林景观，充满生气的半开放空间令研发人员产生创新的灵感与动力。

交通绿化示意图 1:300

基地内南北两组建筑各由几个相邻单体标

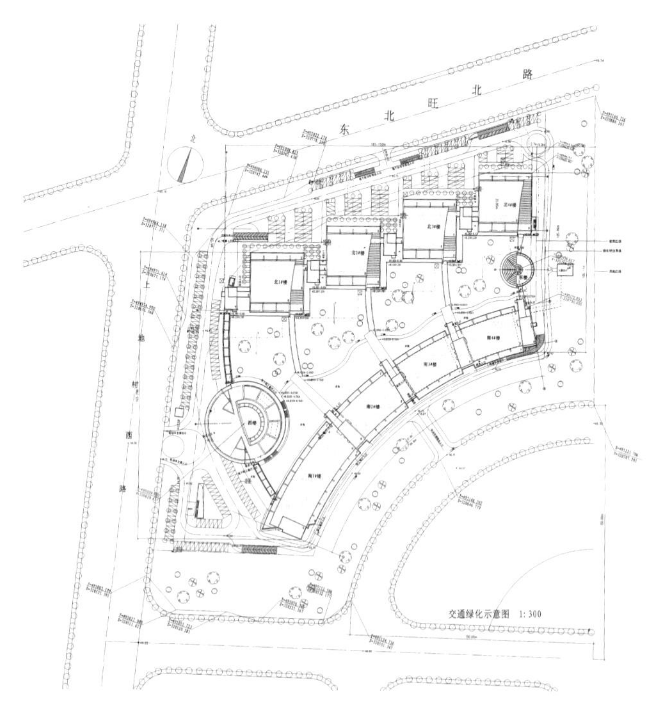

准化模块组成，建筑之间用高速网络串接，以便各部分独立使用，提供宽松环境启发独创思维孵化科技成果，并可根据各部门因扩展和变更用途提供移动和增容的便利。相邻单体间是公共楼电梯和卫生间、饮水台等服务用房，开放的观景楼梯和走廊提供研发人员交流与研讨的自由空间，公共服务部分的集中布置同样便于管理和易于识别。

设计之初，设计者刻意将建筑尽可能降低高度，同时将建筑底层与顶层回退，延展庭院空间并减少因高度带给在庭院中活动人员的压迫感。建筑因地形走势围合出成角的外部空间，建筑的多轴线与景观的多变化产生多视角与多视点的观察体验。

清水混凝土不仅首次得到大面积使用，而且同时呈现出多种表现形式，有圆洞窗、云窗、月亮门造型，还有西楼东侧外墙镶金属的弧形清水混凝土墙等。正是这些带来了本项施工的最大特色，也最具挑战性。

云南大学洋浦校区图书馆

云南大学洋浦校区图书馆位于云南大学洋浦校区核心景观区以南的自贡山北坡。用地南部为校园核心景观区，北部为自贡山山顶，东西两侧为教学区，用地东西长220 m，南北长156 m，北低南高，高差约为27 m，在此位置新建图书馆建筑面积40 268 m^2。设计中将建筑呈倒“品”字形布置，开口面向校园主景观区，围合成为图书馆的主入口广场，使校园主景观区和图书馆广场互为借景，从而使图书馆与校园环境有机地融合在一起。建筑布局与地形紧密结合，呈层层叠落的态势，通过剖面的合理设计，使场地的高差这一不利条件转化成为了创造丰富的建筑室内外空间的主要动力。

该项目荣获2008年部优三等奖。

深圳万科第五园

深圳万科第五园位于深圳龙岗区，建筑面积12.5万 m^2，为多层隐藏式居住小区。该建筑是近几年中国住宅设计在建筑风格上表现“中国风”的重要力作。建筑师运用娴熟的设计手法将现代建筑与中国传统的徽派建筑语言巧妙地糅合在一起，形成一种典雅、清晰、细致的建筑风格，给人耳目一新的视觉享受与感觉。从山区规划的总体布局上看，其大部分排屋都布置得井然有序，以此实现规划布局有效性的最大化，但建筑师在小区入口有限的范围内对部分单体略做错动或改向，使规整的空间布局顿时变得生动而富有诗意，犹如画龙点睛之笔。

在住宅单体上，庭院别墅的“前庭后院中天井”以及通过组合形成的“六合院”和“四合院”、叠院House的“立体”小院(院落+露台)、合院阳房的围合所形成的“大院”，种种院落形式无不着力体现中国传统民居当中那种“内向”型的空间，提供了一方自得其乐的小天地。万科第五园，试图用白话文写就传统，采用现代材料、现代技术和现代手法，创造一种崭新的现代生活模式，但不失传统的韵味。万科第五园的落成，是中国建筑师开始追求原创的重要标志，虽然该设计还存在局部过度重复所带来的单调感，但从总体上讲，该项目不失为我国住宅设计的经典作品。

北京复兴路乙59-1号改造工程

复兴路乙59-1号改造工程位于长安街西延长线复兴路北侧，原建筑于1993年建成，结构形式为9层混凝土框架结构，1~4层为办公，5~9层为公寓。基地南侧面对复兴路；东侧与一栋9层住宅楼紧邻；西侧为宾馆和加油站；北侧为内院兼作停车场。原建筑将被改造为集餐饮、办公、展廊为一体的小型城市复合体。

原有建筑层高和柱网较无规律，基于原有的结构体系确定了幕墙的金属框架网格，根据不同的内部功能对应采用4种不同透明度的彩釉玻璃，同时根据不同方向的现状情况幕墙由原结构分别向外悬挑不同尺度的空间，以配合不同的使用和景观要求，基于幕墙网格确定悬挑的空间形态，使网格被立体化和空间化。西侧利用原楼梯间扩展改造而成的立体展廊可被视为一个垂直方向游赏的园林。

设计者在一个平庸结构空间中追寻可能的艺术性，这是一种建立在系统性基础上的逻辑解析的尝试。由此引发出确定和不确定的空间情感，使在其中游走的体验令人着迷。作为空间设计必然显示外在表达，也在平面系统中寻求三维或四维相度的材料变异，给建筑赋予全新的视觉感受。另外，建筑语汇带来的设计方法的挑战以及全过程参与的建构实验，都使建筑师展示出其执著的创新立场。

亲亲宝贝动物医院
68152718

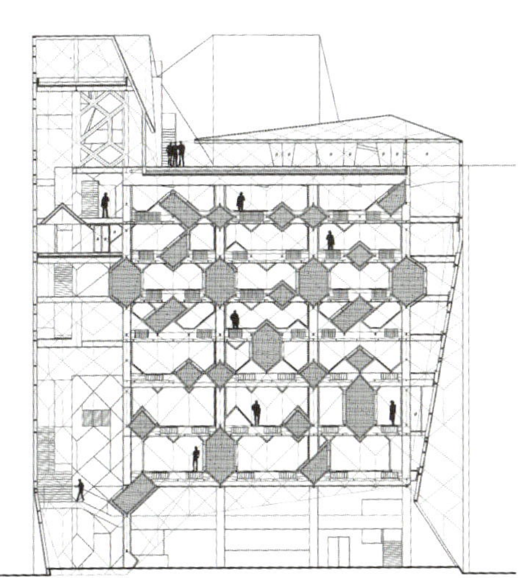

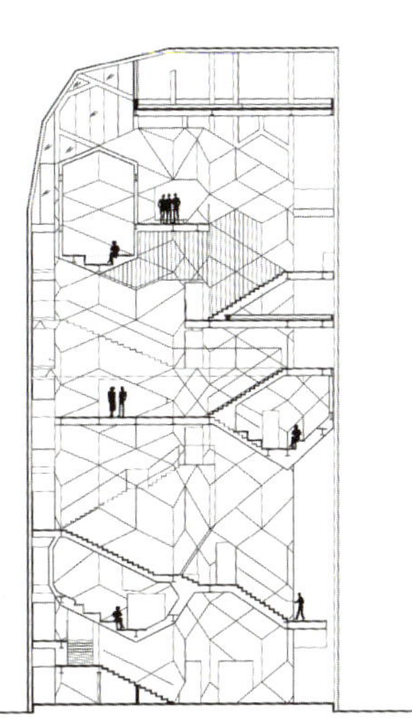

北京航空航天大学新主楼

北航新主楼坐落于北京市海淀区北京航空航天大学校园的东南区，北航新主楼项目规划用地约6.4 hm^2，总建筑面积22.65万m^2，在中国的大学主楼里它的规模名列前茅，反映了学校面向未来的决心和姿态。大楼2006年9月建成并投入使用。建筑规整有序，功能设置逻辑清晰，利用周边建筑的不同围合尺度和围合界面，形成层次分明的多等级外空间序列，提供了体验丰富、充满变化的场所空间。

北航新主楼由地下和地上两部分组成。地下部分2层，安排附属性用房，包括物业管理用房、汽车库及设备、电气机房等功能。地上部分为使用主体，主要可分为两大部分，即教学科研办公楼部分和学术交流中心。规模庞大，功能多样复杂，具有强烈的内向完整性。多栋高层建筑独立布置，根据需要适当连接。

设计者将这种形式和空间意向加以强化和发展：北立面大跨度的连接体构成入口“大门”，完成围合。其他立面的连廊，服务于构图的连接，使建筑的围合感和整体感表达得清晰坚定。运用中国传统建筑景框、对景的设计手法将主教学楼置于从北入口向南延伸的中轴的底景，学术交流中心在中轴的构图中心，其屋面贡献了底景前的绿化休闲广场，这样的基本布局为创造丰富的空间层次构

筑了骨干。构图中心的大尺度的绿化休闲广场满足了现在中国大学校园中心区不可或缺的象征性，为避免空洞和冷漠，通过室外景观楼梯、连廊分支出更具个人尺度的外庭院，适合谈话、读书、思考的静谧所在，这也暗含着中国传统院落前庭后院的模式，威仪和亲密各得其所。

大理红龙井旅游文化中心

该项目地处大理古城中心地段，西临博爱路，东接复兴路，有着悠久历史文化及迷人传说的红龙井就位于项目用地内。项目用地中有建于明代的武庙照壁、帅府古老城墙等遗迹，地点闹中带静、交通便利、环境优美、自然及人文景观丰富，利于发展文化性旅游酒店及街区，在设计中我们重点从三个方面对古城的保护和更新做出新的探索。

对大理古城城市肌理的复原

采用适应、复原古城城市肌理的设计原则。在充分了解大理古城原有脉络的基础上，尊重古城发展中原有的自然格局和纹理，将新的功能融入其中，将建筑单体的体量和比例适度调整，以更好地适应新功能的需要，同时在新的建筑群落中保持和原有古城保护中较好的民居纹理相协调。

新移民与原住民生活形态的重构

设计使原住民对地域中的记忆得以延续，他们的出行流线在规划中得以最大程度的保留并更加便捷。对原住民生活空间予以充分保留，新建筑群体具有更强的容纳性，也提供了更多居住和生活的选择，并提供适应新移民的具有大理特色和现代生活气息的空间。在不同类型空间相交织的建筑群落中，运用街坊、巷道、小广场、庭院等，创造出与休闲度假、商业中心、街坊和特色民居院落、庭院式星级酒店相交融的社区交流场所，提供原住民和

新移民充分交流对话的平台。

传统空间格局的再生

借鉴当地典型院落“三坊一照壁”、“四合五天井”、“前店后院”的传统空间形态，将建筑化整为零，使尺度符合传统院落特点。项目中的单体建筑以不同的围合方式，形成院落。各个分区间既有联系，又各具特色。庭院式酒店区以大小不同、形式各异的院落围绕大堂，以连廊相连布局，形成亲切宜人的特色民居式酒店。

提炼传统白族民居的宜人生活空间，运用和发扬白族传统四合院形式，在传统民居格局的基础上提炼出符合当代审美观的建筑形式，营造一个具有

大理古城特色的旅游文化中心。

对地方建筑文化脉络的继承和发展

立足于苍山洱海间的大理古城自古以来，形成了具有地方特色的建筑形态和文化。通过对传统民居建筑的理解和熟悉，通过对具有优良传统的建筑技术及工艺的运用，将新的建筑和历史的脉络连接，形成连续的历史片断。

审慎地将玻璃、钢结构、混凝土结构和传统建筑相结合，通过玻璃的透明和虚化，运用现代的建筑方式对传统建筑表达出退让和致以敬意。传统的建筑手法所不能达到的效果，通过新的建筑语言，起到了交相融会的效果，将传统的符号通过适当的提炼，在建筑的细部中加以体现，运用到大理红龙井旅游文化中心，使文化的痕迹得以加深。

该项目荣获2006年首届云南卡瓦格博建筑创作奖一等奖、2007年获云南省设计优秀一等奖、2008年获全国优秀工程勘察设计二等奖。

河南安阳殷墟博物馆

河南安阳殷墟博物馆建成于2006年，用地面积近0.65 hm^2，建筑面积3 535 m^2，展厅面积2 354 m^2，附带文物库房、研究室、报告厅等设施。建设殷墟博物馆对于全面提升殷墟的保护能力，促进殷墟成功申报世界文化遗产，都具有重要意义。

该基地为宫殿遗址与河道之间南北长约100 m、东西宽约50 m的狭长地带，处于洹河河床的摆动区域。建筑师从一个“洹”字，衍生出建筑的形态，然后结合国家对遗址保护的规定和对地域景观的思考，对建筑空间进行了各种处理，让参观者产生走入历史的感觉。设计师崔愷认为：在当代，建筑的美观已经不是单一的评价标准，单纯的“美观”是难以表达地域文化的，而且美观带有强烈的主观意识。用“文化”取代“美观”，因为文化是通过演进积淀而成，非僵死的，当代文化也是文化，能表达某地当代文化的建筑同样能很好地体现地域性。文化是一种创作态度、观念和意识，它

应该深深根植于建筑师创作的每个阶段。

在建筑设计中，尊重遗址本体和现存环境，尽量淡化和隐藏建筑物主体，减少对遗址区的视觉干扰。设计采用了正方形平面全埋入地下布局，另外利用坡道而不是楼梯或电梯将游客引入地下，一方面避免了古朴的气氛被现代化设施所干扰，同时使参观者在缓慢下行的过程中逐渐沉静下来，在不知不觉中体会到远古遗迹的肃穆和苍凉。博物馆外观基本材料为水刷豆石，面积有限的外墙和下沉坡道的侧墙均采用了这种做法。

中国人民解放军陆军航空兵学院

中国人民解放军陆军航空兵学院位于北京市通州区，北临京沈高速公路，东临九棵松南路，南接台湖镇大街，总用地面积为346 450 m^2，整个用地是一块接近于正方形的几乎没有任何高差的地块，南北及东西长皆接近600 m；建成后总建筑面积为18万m^2，可满足干部600人、学员1 800人、战士400人的教学、工作及生活的需要。该建筑荣获2006年中国人民解放军总后勤部颁发“军队二等奖”、总参谋部管理保障部颁发“总参优秀设计奖”、2007年深圳市第十二届优秀工程设计三等奖。

浐灞商务行政中心

浐灞生态区位于西安市著名的浐灞三角洲，是西安城市最为重要的生态绿地，随着F1国际摩托艇大赛及欧亚经济论坛的成功举办和2011年即将举办的西安世园会，这里会逐渐为世人所瞩目。

浐灞生态区商务行政中心是三角洲第一个在建的公建项目，建筑占地15 hm^2，建筑面积57 482 m^2，它的建设意义在于作为生态区第一个龙头项目，要为浐灞生态区新型生态城市探索方向，更为重要的是要为核心区增添活力，全面展示政府新形象，为公众提供开放的、具有亲和力的城市开放场所。

建设场地位于灞河西岸，生态区内重要交通干道东湖路的南侧，场地总体高低不平，沟壑纵横，是一块富有挑战性的场地设计和建筑设计。设计构思和理念简要如下。

尊重和充分利用现有场地，使建筑轻柔地触摸大地，创造富有诗意的栖居环境。打破现有政府办公模式，创造一个高效、集约、现代的建筑形象，形成一个市民可以聚集和广泛使用的开放场所。大规模利用清水混凝土材料，建筑外维护一次成型，缩短了施工周期；并且减少了二次外装修的用工用料。采用清水混凝土材料，与环境交相辉映，彰显质朴、平易近人的特色。外观的质朴感与生态城市的建设理念相得益彰。

浐灞商务行政中心于2007年被中国建筑学会、中国规划学会、园林学会评为2007年建筑金奖，并曾获中国建筑工程总公司2005－2006年度优秀方案设计一等奖。

UT斯达康杭州研发中心

UT斯达康公司是中国留学生在美国创办的高科技通信企业，公司主要从事有线与无线接入网系统、宽带数据、IP网络系统及其他前沿的通信技术和产品的研究与开发。UT斯达康杭州研发生产中心位于杭州钱塘江南岸、之江科技工业园内。基地北临钱塘江，与对岸六和塔遥遥相望，东侧为著名的钱塘江大桥及浙赣铁路线，交通便捷、地理位置十分重要。该项目总用地约20 hm^2、总建筑面积22.7万m^2，2001年7月设计、2004年10月建成投产，是UT斯达康公司在全球最大的生产与研发基地。UT斯达康杭州研发生产中心是一座富有时代气息及高科技建筑特性的建筑物，该建筑既与周边环境相融合，同时又富幽雅的建筑内环境。其总体布局和谐紧凑，整体形象鲜明完整，功能合理、技术先进，注重生态环保及可持续发展。

为突出建筑物的象征性和独特性，设计采用UT斯达康公司徽章作为主要建筑语汇，建筑在多维空间上结合平面功能充分阐述“由小到大、持续发展”的企业宗旨，并使之成为镶嵌于大地的夺目标志，从而赋予建筑大气新颖、个性独特的视觉效果。同时，在建筑主立面即西立面的设计中也采用同样手法，将长达逾400 m的建筑体块，沿天际线形成由北至南逐渐升高的立面形象，使得整个主立面大气恢宏、具有强烈的企业精神隐喻。在建筑中

部跨度达80 m的钢桥连接体的造型设计中，采用了斜撑钢架的处理手法，使得研发生产中心与相邻钱塘江大桥在建筑语汇上形成融合，从而成为屹立于钱塘江畔的地标性景观建筑。

该项目的外环境，采用大面积绿化植被结合天然河道设置水景的手法。主体建筑西侧设置集中绿地，结合建筑形体及广场在绿地中设置曲线步行道，使广场绿地与外环椭圆道路有机结合；广场的水体设置跨河与原有河道形成立体水景，使西立面的前区广场趣味盎然、更具生命活力。

山东理工大学图书馆

山东理工大学图书馆是一馆三舍，馆舍总面积2.2万m^2，新馆3.5万m^2已经于2007年建设完成。图书馆的位置在新校区教学中心轴线的南端，外侧的椭圆形环路和内侧圆形小广场及半圆形的水池界定了用地的形状。建筑选用扇形平面顺应了地形特点，而外高内低的阶梯式体形也是考虑了小广场的尺度和阳光。1层的内街是开放式的交流空间，反映出图书馆在校园中信息传递平台的角色；而上部开敞式的阅览区也满足了现代图书馆空间灵活性的需求。北侧的退台和南侧的出挑在动势上相互呼应，同时也符合采光和遮光的环境需求。细密的遮阳板构成南立面的精美肌理，北面露台也提供了立

体绿化和室外阅读的可能性。超长的体形需要结构分缝解决温度变形的问题，而将其设在中轴线上提示了建筑和校园的对位关系。

该建筑于2008年与“鸟巢”、“水立方”一起获得中国建筑界的最高荣誉“鲁班奖”。

天津奥林匹克体育中心体育场

天津奥林匹克体育中心体育场是2008年北京奥运会的分会场，体育中心包括体育场、体育馆、游泳馆等多种体育设施。天津奥林匹克中心体育场位于天津西南部的奥林匹克中心内，占地34.5 hm^2，建筑面积15.8万m^2，总投资14.8亿元，2003年8月动工，于2007年竣工。

在环绕体育场四周设置了大面积人工水池，单体设计模拟水滴形状，构成了一座非常独特的水上体育建筑群。流畅圆润、富于张力的体育场、游泳馆和现状体育馆犹如立在水面的三颗晶莹的水滴，以不同的姿态点缀在水面之上。这组"水滴"建筑中最重要的部分是奥林匹克中心体育场，体育场的外观晶莹剔透，就像是落在湖中的一滴水，因此这座体育场又被人们亲切地称为"水滴"。

天津奥林匹克中心体育场的设计，从内到外、从整体到局部，始终围绕"水"做文章，传递着统一的建筑语言。体育场南北长380 m，东西长270 m，高度53 m。为了塑造"水滴"的韵味，同时使体育场满足国际比赛的要求、为运动员和观众提供充满动感和临场感的竞技空间，最终为这个庞大的体量确定了一个巨大的三维空间曲面屋顶。这座体育场通过合理的建筑布局以及运用适宜、经济、创新的技术手段，创造富于个性的建筑形态，提高建筑的舒适度和使用效率，并降低建筑的环境负荷，体现了"科技奥运"的理念。

建科大楼

建科大楼位于深圳市福田区梅坳三路，于2007年11月封顶，占地面积0.3 hm^2，总建筑面积18 038.90 m^2，建筑高度63.60 m。

“建科大楼”项目，是深圳市建筑科学研究院针对夏热冬暖地区探索切实可行的绿色建筑实现方案的尝试，同时是深圳市可再生能源利用城市级的示范工程项目之一。通过在绿色生态理念指导下的全过程策划、设计、实施、运行，运用目前成熟、可行的各种技术措施、构造做法和管理运行模式，在先进模拟技术支持下，充分整合，实现有地域特色的节能生态办公建筑。该项目基地位于深圳市福田区北部梅林片区，建筑功能包括实验室、研发设计、办公、学术报告厅、地下停车库、休闲及生活辅助用房等。

该建筑荣获2006年国家财政部、建设部第一批可再生能源建筑应用示范项目奖。

上海青浦区体育馆

上海青浦体育馆、训练馆位于上海市青浦老城区，是20世纪80年代初兴建和加建的建筑。两个建筑在造型上有一些重要元素缺乏时代感，如体育馆收分的外墙、半圆形的入口雨罩，训练馆收分的外墙、弧形玻璃幕墙、室外楼梯等。同时，两馆的室内设施也较陈旧。上海市青浦区体育局委托胡越工作室对体育馆、训练馆的外装修进行改造，将建筑造型及风格提升到一个新的水平。对体育馆、训练馆内部设施和设备进行部分更新，改善其功能。

改造工程面临着很多问题，主要来自资金和基础资料不明确两个方面。考虑该项目投资总额的限制，重点改造建筑物的造型、立面、外部环境及体育馆的内部设施，有选择地改善训练馆的内部设施，尽量减少对原建筑主体结构的影响。

改造中通过改变收分体型——增加一层外皮、

强化体型中几何逻辑关系和适度地活跃体型来完成建筑物外部改造。对体育馆内部完善其举行小型比赛的功能，改造看台、增加附属用房和观众服务设施。

该项目增加的外皮采用3种建筑材料，分别为上层的聚碳酸脂板材，下层的铝合金穿孔板及局部铝合金方管。聚碳酸脂板材是一种较常用的建筑材料，但在立面上采用单层板的设计非常独特。其质量轻、安全、结构简单；对主体结构改动小，有利于节省造价；同时其透光性可保证室内采光要求。该项目采用的是单层聚碳酸脂板，厚度不小于4.5mm，颜色为乳白色，双面均有防紫外线功能，表面亚光。采用了编织的手法将纵横两方向的聚碳酸脂板材紧密联系起来，给建筑物穿上了一层“开放式的外衣”。

其中性的质感富有时代气息，对城市环境起到整合的作用。

设计伊始基础资料不明确的隐患在施工过程中逐步显露出来，增加了很多设计概算未包含的项目。由于造价的严格控制，给设计和施工带来了许多困难。通过本工程，设计师在设计外地低造价工程上获得了许多宝贵的经验。

万科棠樾

万科棠樾被企洞水库和虾公岩水库分为三块，依山傍水，自然条件得天独厚，一期用地约为29 hm^2，建筑面积约为19万m^2。在一个低层高密度的商业地产项目背景下，用现代的材料和处理手法，打造一片带有东方意境并充分与基地山水环境相容的人居聚落。

户型设计方正实用，充分依托河道资源，将客厅、餐厅、主卧室等主要功能空间均布置在面水一侧，并在保证良好的采光通风和朝向的条件下，争取获得最大的附加值。空间处理以“院落”和“围合”为核心，保证每户都能享有入户的前院、户内的中院与亲水的后院，每单元还有

侧院，增加了空间的丰富性和东方居住空间的体验。造型简洁大方，体量错落有致，注重整体性，开窗形式多为中性的正方。立面风格以传统灰砖为基调，辅以局部白色抹灰墙面并点缀原色木板和深咖啡色金属构件，十分注重精致的细部节点把控，勾勒出现代而典雅的韵味。

立面材料大面积采用灰色洞石火山岩，以块状“花砌”和片状1/4错缝贴面两种形式完成几乎全部墙面处理，使联排别墅取得一致色调的同时获得更佳的品质感。

深圳文化中心

深圳市文化中心坐落于深圳市福田中心区北部，包括中心图书馆与音乐厅两部分，总建筑面积为86 000 m^2。中心图书馆为可提供2 500个阅览座位的国内最大现代化图书馆之一；而可容纳1 800座位的音乐厅在全亚洲范围内也屈指可数。该项目由矶崎新、北京市建筑设计研究院联合设计，于2007年竣工。

设计方案将整个文化中心看作一个城市大舞台，公共文化广场上寓意着“文化森林”的4组“黄金树”构成了音乐厅和中心图书馆的进厅入口，极为耀眼。“黄金树”是一项结构难度极大的钢结构工程，不仅在中国的建筑工程中首次应用，在世界

建筑中也属罕见的空间结构形式。因此“黄金树”也一举荣获国家建设部钢结构工程最高奖“金钢奖”。

深圳市文化中心建筑造型独特，构思精巧，极富现代感，同时，设计也严格遵守城市规划的要求，不过分追求体型变化，堪称城市建筑的精品之作，目前已成为深圳的地标性建筑。

国家体育馆

国家体育馆是第29届奥林匹克运动会主要比赛场馆之一，奥运会及残奥会期间将主要进行体操（不包括艺术体操）、蹦床、手球、轮椅篮球四个项目的比赛。工程项目总用地面积6.87 hm^2，主要由比赛馆主体建筑和一个与之紧密相邻的热身馆以及相应的室外环境组成，可容纳观众固定坐席约1.8万人，场地内临时坐席约0.2万人，总建筑面积8.1万m^2。

根据比赛场地和热身场地对净空的不同要求，国家馆屋面设计成由南向北单方向波浪式造型，一方面符合建筑内部的功能使用要求，更重要的是在公园城市空间景观上衔接国家游泳中心和会议中心，起到承前启后的作用，整个建筑朴实、大气，稳重而不张，可以说是中华民族传统建筑美学与当代建筑风格的完美结合。

国家体育馆是奥运中心区唯一的一座我国自行设计、自行施工、全部采用国产建材建设的场馆，也是亚洲目前最大的室内体育馆，整个工程充分体现出中国特色。

11:39:59

唐山城市展览馆

在举国大兴城市规划展览馆的建设之际，唐山市城市展览馆的落成有着特殊的意义。作为代表城市建设理念和水准的建筑，这类展览馆设计之难可想而知。不同于一般定位在新、奇、异标准之上的展示馆，唐山城市展览馆的主体是由几座朴素得几乎没有任何审美价值的旧建筑构成。加建部分的设计原则主要包括：平行原则，加建的实体平行于原建筑，体量窄长，同构于原建筑；通透原则，加建部分不构成对山体的遮挡；联系原则，通过连廊和水池等形式将离散的建筑统一成一个整体；放大原则，通过对日伪时期建设的仓库的屋顶、门廊的重建来夸张它们的固有形象；对比原则，通过彻底保留原建筑墙体的原貌，和选择木材和钢格栅作为新建建筑和硬质景观的唯一外装材料，来形成新旧对比；和谐原则，通过加建部分来揭示原有部分内在的美。

唐山城市展览馆和这座城市有着内在的契合，它们都有风凰涅槃的意味。比在灾后的平地上重建的后者幸运些的是，前者保留了城市的记忆。这个已被领导和大众广泛认可的建筑提醒着城市建设的执行者们：城市化不是地震。

宁夏自治区党委办公新区

宁夏自治区党委办公新区位于银川市新区，基地东邻自治区人大，西望贺兰山，南邻城市公共绿地，北接悦海宾馆、基地四周均为城市道路，交通方便、环境优美。整个基地山水环绕，呈矩形东西走向，南北宽约530 m，东西长逾1 000 m，总用地53.8 hm^2，其中现有水面24 hm^2，建筑总面积5 3600 m^2。内容包括中心办公区、常委办公区、后勤服务区、文体活动区、常委公寓区等5大部分。

银川自然资源独具特色，号称塞上江南，但生态资源又非常脆弱、景观苍凉而悲壮。总体布局采用多种园林式布局手法，园内布局有明确的轴线和序列，又采用大量的自由式的布局手法，主要建筑群中心办公区采用中国围合式的院落手法，主从有序、层次分明。常委楼则采用了西式的中心放射式处理方式，而其他区域则采取自由非对称式布局。建筑与所处的场所和环境取得了浑然一体的整体

效果。在城市的各个方向，建筑均有良好的群体效果，建筑与环境取得了非常有机的关系。成为塞上的一个新景观。

在建筑形式的探索中试图找到最合适的语言来进行富有诗意的建构，反映山水城市的意向，师法自然，尊重自然，充分体现西部环境简约、大气、苍凉的美。建筑形式大胆地采用坡屋顶，并努力反映时代特色。从建成的效果来看，建筑处理现代、简约、大气，毫无矫揉造作，尺度适宜、细部得当。

在环境处理上，强调野趣，自然生成，表现塞上的苍凉美和大漠的风骨。从而使湖、路、桥、岸、坡、场等元素相统一，与建筑共同构成有机的整体，强调原生态景观。

此外，在建筑的处理上还采用平坡结合，使建筑隐于环境之中；采用大悬挑，强化建筑的亲水性。整个建筑完美地解决了建筑与土地的关系，建筑轻柔地触摸大地，整个群体像一幅淡雅的山水画渐次展开，灰墙黛瓦、湖光山色、中西合璧、自然天成。这组具有现代之骨、城市之魂、自然之风的建筑已屹立在塞上，如同一群归巢的大雁洒落在艾依河畔。

北京五棵松体育中心

北京五棵松体育中心建筑为一个金色方形体量，其外立面由一块块的铝合金板围合而成。在篮球馆外立面的顶部，参差不齐的金色铝条板经过正面拼贴形成了大面积的仿木纹肌理，内侧紧挨着金色铝板的一层是Low-E玻璃幕墙体系。Low-E玻璃表面采用了中国科学院自主开发的纳米易洁镀膜。这项技术改变了过去易洁玻璃采用憎水材料的方法，采用纳米超级亲水材料对玻璃进行处理，一旦水接触玻璃表面就会形成均匀的水膜，同时完全浸湿玻璃和污染物，最终通过水的重力将附着于玻璃上的污染物携带走，从而达到清洁的效果。为减少太阳辐射对建筑物内部的影响，在外挑玻璃肋和幕墙的第二面上进行了彩釉处理。同时在幕墙的第三面增加了一层低辐射镀膜，可以有效地控制冬天室内热量向外辐射。通过纳米材料镀膜、彩釉、中空、低辐射镀膜等多道立体设防，使篮球馆的外墙性能得到较大改善。

北京五棵松体育中心的设计巧妙地利用先进的分层进出场馆的设计手法，实现观众与运动员、官员和管理人员的分流，普通观众从室外平层进入

比赛厅内。比赛大厅室内中央悬挂的斗形屏是目前国内独一无二的全彩高清LED显示系统，具有精彩瞬间捕捉、奇特镜头回放、实时直播同步、赛况信息播报、计时记分统计、广告播出等功能，使观众可以更加舒适、清晰地观看比赛。

北京奥林匹克篮球馆作为国际一流的现代化综合性篮球馆，将在奥运赛事之。

除了作为比赛场馆，还可进行排球、手球、拳击、艺术体操、滑冰和室内足球等比赛活动；满足举办各种大型文艺演出、时装展示和魔术表演等多功能使用的要求。

奥运公园中心区下沉广场

该项目位于北京奥林匹克花园中心区内，共有七个下沉式院落。设计要求体现中国元素。设计概念：开放的紫禁城。

紫禁城和四合院是北京城的代表。在以往的等级社会中，它们被高耸的红墙截然分开。今天，随着多元、开放、平等、和谐时代的到来，红墙的禁止功能被交流功能所取代，这条难以逾越的边界开放了，宫城禁地和民间胡同相互融合，在奥林匹克公园里诞生出一个新的地域景观——开放的紫禁城。

开放的紫禁城既保留了北京原有的意象，又通过红墙、灰墙重构了全新的动态空间，使人能从这个新的场所中体验中国的传统文化。

这里的空间特征可以从南北、上下、东西三个方面进行划分：在南北序列上，三条城市机动车道路和五条步行廊桥将下沉庭院分割成7个近似的院落，由南至北形成层次递进的空间，如同北京传统住宅院落的纵向发展的结构；上下层次中，下沉花园提供了多层次的空间环境。桥面上、屋顶平台、下沉花园和楼、电梯都成为人们活动交往的场所。在高度方向上“收”和“放”的设计，再加上桥柱的分隔，使下沉单调的长向空间有了起伏和韵律；东西方向上，界面鲜明。花园的西侧界面是统一严整的柱廊，东侧界面是弧形墙面和七个商业入口立方体，语言统一，整体性强。

国家新闻出版总署

国家出版总署新址坐落于传媒大道（宣武门外大街）。作为国家部委政府机关，该建筑打破政府建筑在形象上沉重严肃的传统，在细部处理上融入与出版总署自身气质相关的建筑元素，同时在整体形象上保持大实大虚中轴对称的布局，使得新闻出版总署的形象在灵动中不失大气，庄重中尽显现文化内涵。

新闻出版总署作为主管文化行业的政府机关，突出其自身特点是形象上处理的关键。大实大虚的整体形象，给建筑物明确的体量以及稳重的形象。同时大屏幕一般的造型暗喻电视互联网等当代电子传媒。总建筑面39 000 m^2，地上15层，地下3层，建筑高度63.5 m。

大面积的玻璃幕墙的运用，突出新时期政府公开透明的感觉。其次是玻璃幕墙上单元出挑的玻璃盒子，这来源于中国传统的印刷术。比较遗憾的是工程未能像原设计一样，在立面上把玻璃盒子布置得错落有致。同样来自我国文化传统的还有山墙面上石材幕墙的处理，4片次第伸展出主体之外的石材幕墙犹如展开的书籍。预示着我国是发明造纸术的文明古国。造纸和印刷暗喻传统书籍报刊等平面传媒。

新闻出版总署新址正是以现代建筑语言及建筑技术诠释当代及传统文化，由大及小层层递进，用一切可能的手段突出建筑自身气质，使之与这个特定的文化类政府机关使用性质高度吻合。

道路两侧
15

丽江悦榕酒店

丽江拥有悠久的民族文化传统和浓郁的地域文化特色，古朴的“大研古城”、神奇的“东巴文字”、壮丽的“三江并流——丽江老君山景区”，让丽江集世界文化遗产、记忆遗产和自然遗产于一身。由新加坡悦榕酒店集团出资兴建的“丽江悦榕酒店”就位于这座美丽的小城边上、终年积雪的玉龙雪山脚下。在充分的踏勘和深入分析以后，在设计中通过理性的思考，着重地域文化的体现和自然环境的融合，重视传统文化的传承、符号语言的重构，注重人文关怀，从细节入手进行建筑环境的重塑，尊重自然生态环境，注重绿色建筑设计，通过整体设计全程监控强化建筑的高完成度，使人获得愉悦的自然归属感和超乎想象的环境体验。

该项目荣获2008年部优一等奖及国优银奖。

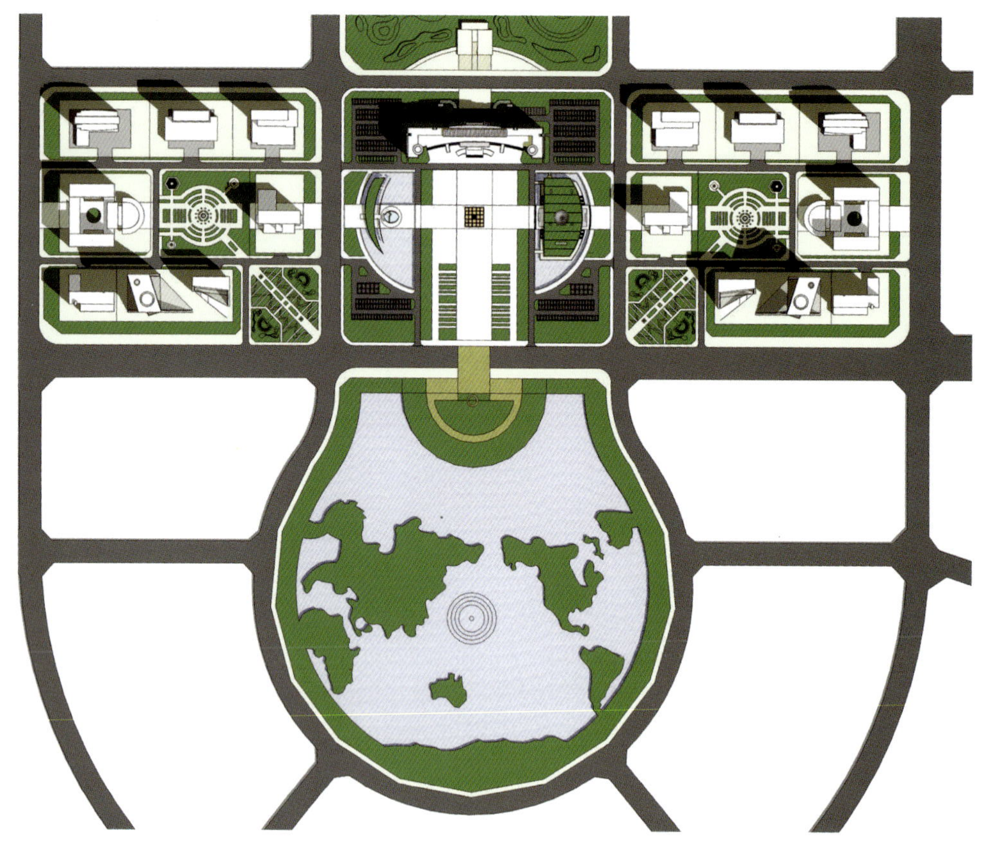

临沂市新城核心区城市设计及天元广场中心大厦·会议中心

位于山东省东南部的临沂，因濒临沂河而得名，是山东省地域面积最大，总人口最多的行政区域所在地。2003年在两院院士吴良镛、周干峙先生指导下，清华大学相关单位编制了临沂市城市空间发展战略研究报告，提出了临沂城市特色发展战略和临沂中心城区空间结构谋划。2004年中国城市规划设计研究院完成了临沂市城市总体规划（2004—2020年）的修编工作，在城市建设的目标中明确提出，要突出临沂商城、水城、历史文化名城的环境特色，要建设成为拥有高质量生态环境的山水园林城市。

临沂新城核心区三大中心地块，定位于市政与商贸服务中心，东西长1 333 m，南北长325 m，总用地43.3 hm^2，建筑总体规模控制在70万m^2左右。该用地处于南坊新区规划主轴线的中心部位，其南侧规划为半径270 m的中心人工湖。委托任务分为3个部分：核心区三大地块的城市空间设计（至实施方案），中央地块的天元广场中心大厦与会议中心（至

施工图），核心区中轴线南向延展的城市空间设计整合方案（至概念设计）。由中房集团建筑设计有限公司布正伟、范强主持设计，佘小丽、胡罡、曹翠霞等合作设计。

在核心区中心地块的城市空间设计中，为强化建筑与环境所构成的该城市核心片段的整体感，除了关注南北中轴线空间构成的特征之外，特意引入了贯穿东西的横轴线以及东西两区各呈45°的辅助轴线，由此而形成了功能完善、交通便捷、结构严谨、层次丰富，并带有个性化特征的城市空间脉络。位于中轴线上的中心地块，以大面积的“条码”构成绿化设计和主体建筑两侧下沉式复土建筑及其水景设计，彰显出与地段南端规划的中心人工湖相协调的生态景观特色。

为了与中央地块开阔的面宽相适应，其主体建筑全长取180 m（高81 m），坐北朝南呈一字形展开，并将南立面按“弧形环抱”之势处理。这样，既可形成中心广场建筑群的向心力，又避免了办公楼室内空间走廊过直过长所产生的视觉疲劳。对主体建筑“标志性”的考虑，没有采取张扬“野性”的变异手法，而是在充分体验临沂这座山水城市古老文化底蕴的过程中，展示其平实素雅的气质与性格。顺应办公建筑室内空间构成所具有的均布、均衡的基本特征，在南立面的中央部分，采用了比较密集而尺度合宜的竖向划分：通高壁柱宽0.8 m，其间竖向条形窗宽1.2 m。弧形立面两侧以圆筒形体过渡，至外突的实体墙面作为结束。建筑语言在展示其典雅风格的同时，也表达了该主体建筑形象似一幅双轴画卷展开的含义，而竖向密集排列的窗间立柱序列，也可以说是对临沂银雀

山发掘的汉墓竹简的隐喻。

主体建筑前面东西两侧附属建筑的形态与风格，对该核心区中央区段的“地标性”表达十分关键，其难度是可想而知的。通过对诸多方案的探索和比较，最后确定采取由水面围合的下沉式复土建筑的特定形式。其中，东侧的会议中心建筑面积为1.10万m^2，1~2层设置拥有1 200座位的会堂和150人、200人会议厅、300人多功能厅。出于紧凑的使用空间的设计考虑，会议中心纵剖面合逻辑地取之为南低北高的斜坡构形，而该斜坡草坪屋顶中央的“喇叭花”采光罩，便成了广场周边生态景观的点睛之笔。在主体建筑西侧，与会议中心对应的续建设计意向，仍在酝酿和落实之中。

对核心区中轴线上向南延展的城市空间形态，也结合现行推进中出现的错综复杂的情况，提出了多套整合创意方案，这也可以看作是在高速城市化进程中，动态性城市设计与随机性建筑创作的一个真实而又典型的实例吧。

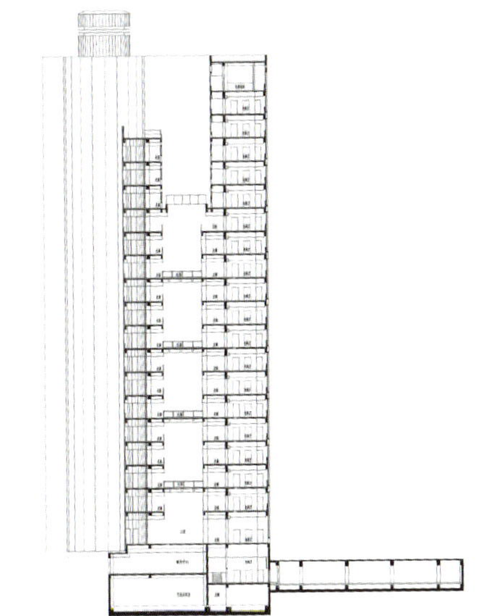

合作设计

北京苏联展览馆

北京苏联展览馆建于1954年，是用来介绍苏联工农业产品、文教、艺术成就的展览建筑，也是当时国内造价最为昂贵的俄罗斯式建筑。苏联建筑师安得列夫、吉丝洛娃夫妇，苏联结构工程师郭赫曼主持设计，中方由中央建工部设计院戴念慈等参加主持设计。展览馆位于西直门外展览路北侧，总占地面积13.2 hm^2，建筑面积23 188 m^2，其中主馆建筑面积12 711 m^2。

展览馆坐北朝南，平面呈“山”字形，左右对称，前后呼应，以中央尖塔为中心，东西轴线正对西直门，南北中轴线通过大道直对辽代古建筑天宁寺塔。建筑风格上采用典型的俄罗斯建筑形式，设计中在某些部位也采取了一些中国建筑的传统形式和材料。建筑结构为现浇钢筋混凝土框架体系，部分为钢结构。建筑内外装饰精致，墙面饰以半圆形壁柱，大厅设有24根汉白玉八角柱。

建筑施工中，推广了苏联冬季施工的经验和技术，是北京市最早采用冬季施工法的工程。

第十届中国国际水泥技术及装备展览会
中国国际粉体技术装备及粉体原料展览会
北京展览馆
开幕仪式
OPENING CEREMONY

香山饭店

香山饭店是华裔美国建筑师贝聿铭在中国大陆的第一件作品，也是中国改革开放之后引进最早的外国建筑师作品。建成于1982年，位于西山风景区的香山公园内，占地3 hm^2，建筑面积35 000 m^2。平面布局是以总占地约1.6 hm^2的11座庭院花园，将2~4层的5组楼群予以分隔，又以单面景窗连廊相贯通而组成的。

饭店的正中是主入口，主入口前形成一个横向展开的三合院。进入大门厅有总服务台、账房，穿过门厅是接待大厅，处于主要公共活动区域的中央位置，其空间貌似一个传统的“四合院”。屋顶采用中国古代建筑“歇山式”，以显示古老民居“四合院”的特色。外立面装修采用灰瓦白墙的江南民居传统形式，门窗周围的线脚则用专门烧制的灰砖镶贴，部分客房屋顶采用硬山和单坡屋顶，体现了传统风格。整座建筑洋溢着浓郁的传统园林色彩，风格清新、典雅。

贝聿铭说他想借“香山”这个题目看中国传统建筑是否有值得保留的地方。香山饭店的设计和建成，引起了中国广大建筑师的关注与重视，一时间评论纷纷。正面评价认为香山饭店对探讨中国现代建筑做出了努力，并取得了可喜的成果，而批评的也是十分尖锐，认为在不合适的地点建了一座很好的建筑。

上海大剧院

上海大剧院建成于1997年，是上海有史以来第一座具有真正意义上的大剧院，在建筑和功能方面都达到了国际先进水平，能满足世界一流剧团在此演出歌剧、芭蕾、交响乐。在有中国、美国、法国、日本、加拿大和澳大利亚等国家共13个国际著名设计机构参加的国际竞标中最后选定的是由法国夏氏建筑设计事务所与华东建筑设计研究院合作设计的方案，用地面积约为2.2 hm^2，建筑占地面积11 528 m^2，总建筑面积为62 803 m^2，建筑高度为40 m。

建筑风格独特新颖，融汇了中西方文化韵味。建筑物的白色弧形屋顶和具有光感的透明玻璃墙呼应组合。正面的玻璃幕墙是采用500块独特的彩釉钢化玻璃和由高科技的不锈钢索、不锈钢管和不锈钢蛙爪组成的钢索结构组合。弧形的屋架采用分段制作、现场拼装、整体提升技术，向天空展开的弧形屋顶简洁、生动，颇具开放、吸纳的理念，给人以强烈的视觉感受。这个超级巨型构造的屋顶将建筑的一切都遮覆，并巧妙地将舞台上部挑架的屋顶“隐藏”于其中。如此重量、体积的钢结构整体架设在38.83 m高度，为世界建筑史上所罕见。

上海大剧院成为中外文化交融的结晶，是世界建筑精品中的一枝新秀，也是世界艺术交流的殿堂。

上海大剧院售票中心
SHANGHAI GRAND THEATRE BOX OFFICE
the coffee beanery

上海金茂大厦

上海金茂大厦是集办公、旅馆、展览、餐饮及商业于一体的综合性大厦，于1992年被批准立项，1994年动工，1999年竣工并开始营业。建筑高421 m，88层，总建筑面积287 000 m^2，由美国最大的建筑工程师事务所之一的SOM建筑设计事务设计，上海建筑设计研究院任设计顾问。

该建筑包括120 000 m^2的办公楼，一个600间客房的五星豪华级旅馆、20 000 m^2的商业用房及可停放1 000辆汽车的地下车库。大厦建于上海浦东陆家嘴金融贸易区，占地面积2.3 hm^2，基地北侧有大片绿化，基地西北有过江隧道与地铁二号线陆家嘴车站相连，东面与南面有一批规划中的高层或超高层建筑，环境条件良好。

建筑设计理念是创造现代化的高耸塔楼，以其独特形象唤起人们对中国古塔的联想。塔体运用强化透视学的方法，既增强了建筑的高度感，也突出了刚劲有力的优美轮廓，与塔楼形成强烈对比的是裙房的体型，是一栋水平向的建筑，它那与众不同的曲线形屋顶与向上内收的外墙，使简洁的体型增色不少。

金茂大厦是现代大都市的表现，是21世纪国际贸易金融活动场所的代表作。1998年经美国伊利诺斯州工程协会对世界各地完成的大楼和桥梁结构评选结果，授予金茂大厦“1998年最佳结构大奖”。1999年10月荣获新中国建国50周年上海十大经典建筑金奖首奖。

上海国际会议中心

上海国际会议中心坐落在浦东陆家嘴东方明珠广播电视塔旁，于1999年8月建成。从外滩隔江相望国际会议中心，只见乳白色的外墙轻轻地托起两只巨大的球体。大球直径50 m，高51 m；小球直径也是50 m，但高只有38 m，一大一小，相映成趣。球体上的透明玻璃拼装出世界地图图形，寓意“上海走向世界”。上海国际会议中心的外墙总面积达25 860 m^2，采用了微晶银幕墙、花岗石幕墙、金属铝板幕墙、玻璃幕墙等外墙材料，显得凝重高雅。外墙上安装的25只、每只约8 t重的石柱帽更突出建筑物的雄伟壮观。作为上海标志性新景观，被评为建国50年十大经典建筑之一。

上海国际会议中心拥有：现代化的会议场馆，有4 300m^2的多功能厅（宴会可容纳3 000人，会议可容纳4 000人，可兼作展厅）和3 600m^2的新闻中心（兼展厅）各1个、800人会议厅1个、200人会议厅两个及100人、50人等各种规格的会场；豪华的宾馆客房，有总统套房、商务套房、标准间近270套；高级的餐饮设施，有中、西餐厅、特色餐厅、咖啡厅等；舒适的休闲场所，有歌舞厅、健身房、游泳池、保龄球、桌球、桑拿、商场等；设计车位600余辆。

天津博物馆

天津博物馆由天津市建筑设计院与日本高松伸设计事务所、天津川口卫公司合作设计，位于天津市河西区友谊路以东地段，地理位置十分重要。建筑主体地上3层，局部地下1层。总高度32 m。建筑面积35 032 m^2。主体为钢筋混凝土框架——剪力墙钢撑结构，屋盖为钢网壳。该工程由天鹅湖、天鹅颈和天鹅羽翼构成，在贯通占地的南北向的轴线上呈对称布局。由陈列展览区、藏品库房区、图书资料中心、办公与技术用房和设备用房5大部分组成。

天津博物馆以其独特的“天鹅”状造型，对传统的审美观念和博物馆造型带来一定视觉冲击。

2000年9月经国际方案招标，日本川口卫设计公司以“白天鹅”和“天鹅湖”相结合的设计理念中标，3层博物馆以200 m跨度的壳体覆盖，正中以170 m长的天鹅颈回廊跨126 m直径“天鹅湖”导入馆内，构成形态独特、造型别致的外部空间造型。

天津博物馆是一座大型历史艺术类综合性博物馆，更是一座艺术殿堂和呈现天津地方历史的主要场所。夜晚在灯光的衬托下，“天鹅”造型尤为突出，熠熠生辉，美化了天津的夜景，体现了建筑外观照明设计的独具匠心。工程设计造型独特，技术精美。镀瓷铝板、室内清水混凝土、HRB400新三级钢、弦支网架结构、消防水炮系统等新材料、新技术的使用在天津市乃至全国尚属首次，使工程设计上升到一个新阶段。

中国电影博物馆

中国电影博物馆是目前世界上最大的国家级专业博物馆，是纪念中国电影诞生100周年的标志性建筑，是展示中国电影百年发展历程、博览电影科技、传播电影文化和进行学术交流研究的艺术殿堂。建成于2005年，由美国RTKL国际有限公司与北京市建筑设计研究院合作设计，建筑设计在文化性与娱乐性之间抉择一种平衡，设计方法是以一系列通俗并富娱乐性的基本建筑语素为出发点，通过艺术化的处理衍生出艺术和娱乐交融的严肃作品。

电影作为动态影像，是通过光与影，以虚拟的手法进行动态表现的艺术，与建筑艺术的实体特征有许多的不同。二者的表现均在不同程度上仰赖光线的存在，由此建立起一种表象上的联系。

建筑设计历经了一个对貌似单纯的题目进行深

入解析挖掘，而最终将一系列复杂的内容提炼升华为一个简练而丰富的矛盾统一体的过程。集中表现为如下一些特征。

(1) 普遍性与特殊性：以电影艺术内容与传播方式的普遍性特征结合并通过建筑艺术的地点性及地域性特征，产生特殊的表现形式。

(2) 通俗性与艺术性：从电影艺术的大众性特征入手，创造多层次、雅俗共赏且严肃深刻的建筑艺术作品。

(3) 虚拟性与现实性：将电影艺术的虚拟性表现以及与现实生活的联系通过建筑艺术形式加以象征性的表现。

(4) 表现性与功能性：在强调艺术性与表现性的同时，充分考虑建筑的功能性与实用性，综合提升参观和观赏体验与建筑的运营效益。

(5) 复杂性与简单性：为复杂的功能和艺术表现要求寻找最为简练而印象深刻的解决方式。

通过对不同建筑材料的运用，并借助自然或人工光线，建筑同样可以获得动感。然而，其目的并不在于制造虚拟的建筑，而是通过虚实结合的表现，以一种独特的建筑形态最终将视觉感受上升转化为一种全面而综合的体验。

首都博物馆新馆

首都博物馆新馆位于北京市复兴门外大街白云路口，占地面积2.48万m^2，建筑面积61 680 m^2，地下2层，地上5层，建筑物檐高36.4 m。由中国建筑设计研究院和法国AREP设计公司联合设计，其设计理念先进、新颖，强调"以人为本、以文物为本"的思想，将文物收藏、展陈、修复、研究、教育、浏览、文化交流等功能融为一体，是一座拥有最先进设施的现代化博物馆，为国内目前最大的综合性博物馆。

大跨度钢屋盖桁架结构，东西长168 m，南北长89 m，采用以南北方向单向受力为主的平面桁架结构，主跨度达56 m。屋盖结构最高标高为米，钢结构总重量860 t。屋顶挑檐板采用铝合金蜂窝板吊顶，北侧悬挑21 m，东、西、南三面悬挑12 m。大型不锈钢屋面宏大舒展，并充分考虑节能环保。建筑内部装饰也同样体现了"绿色人文"的设计理念，处处绿化景观，时时流水潺潺，与室外天然的园林设计浑然一体，衬托出长安街上首都博物馆新馆这一新世纪标志性建筑的亮丽景观。

该项目荣获2006年度中国建筑工程鲁班奖，第二届全国绿色建筑创新奖（中华人民共和国建设部）。

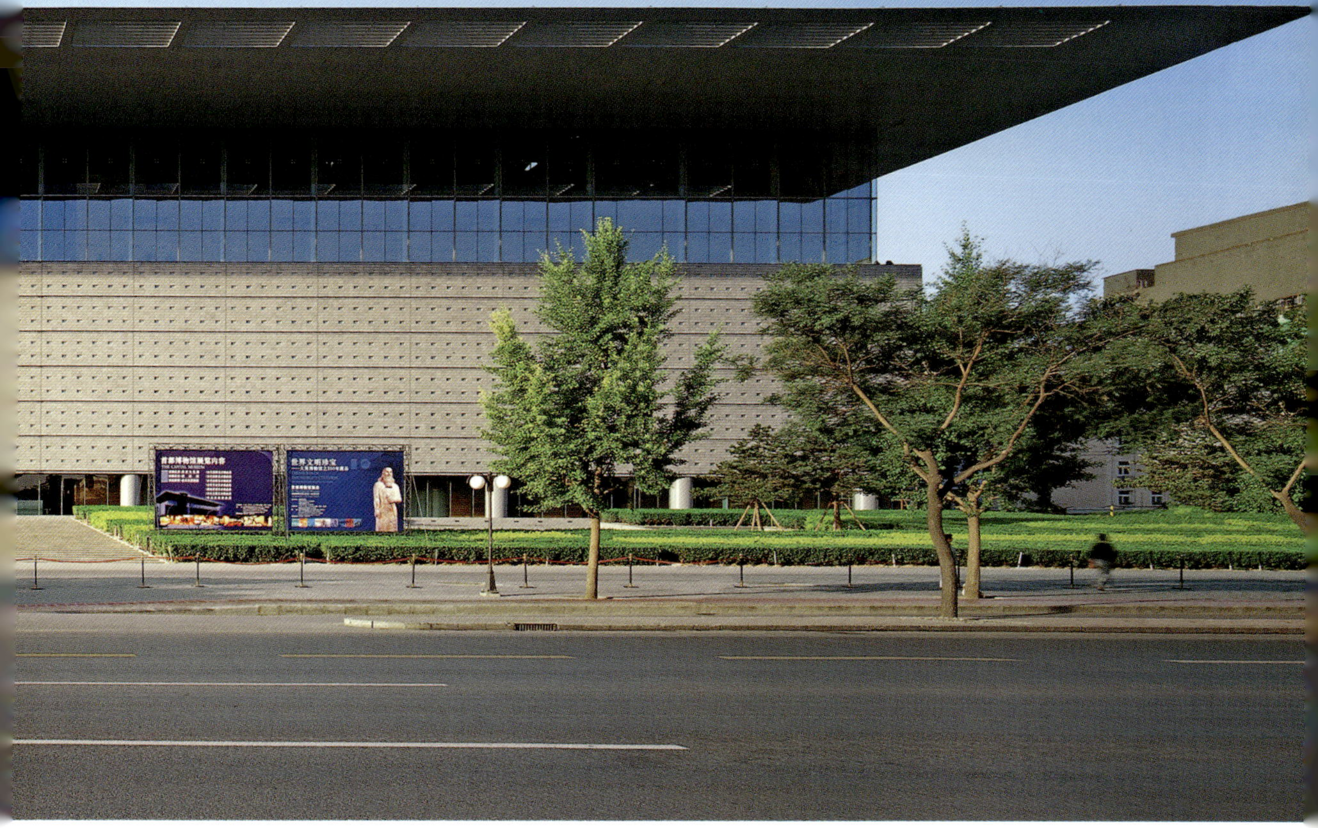

国家游泳中心

“水立方”——国家游泳中心位于北京奥林匹克公园中心区。2003年12月24日开工建设，2008年1月竣工落成。建筑规模7.9万m^2，可容纳11 000人观赛。建筑的最大特点在于气泡和自由结构的加入使其形体上的极端简洁与表现上的极端丰富相得益彰，体现出东方思想与现代的契合。由澳大利亚PTW建筑师事务所、ARUP澳大利亚有限公司、中建国际(深圳)设计顾问有限公司合作设计。

整个建筑共由3 000多个气枕组成，膜结构的覆盖面积达到11万m^2，是世界上规模最大的膜结构工程，也是唯一一个完全由膜结构来进行全封闭的建筑。轻灵、宁静、具有诗意的氛围，融会了中国的传统文化和现代科技。一个正方形单体，简洁明快又富有神秘感，这就是北京2008年奥运会场馆国家游泳中心——“水立方”。

中国传统的设计哲学催生了“水立方”的概念设计，“方形”是中国古代城市建筑最基本的形态，而这个方盒子又能够很好地体现国家游泳中心的多

功能要求。基于“泡沫”理论的设计灵感，设计师为“方盒子”包裹上了一层建筑外皮，上面布满了酷似水分子结构的几何形状，通过表面覆盖的四氟乙烯（ETFE）透明膜赋予了建筑冰晶状的外貌。

品读“水立方”，你会发现在“鸟巢”成为了世界上一座独一无二的体育场之后，“水立方”便成为中国国家奥林匹克公园里最适合与“鸟巢”相提并论的一座体育馆，它们的搭配成为奥运历史上令人过目不忘的一对最佳“伴侣”。

新保利大厦

新保利大厦的建设首次提出"以建筑塑造国家精神"的指导思想，用建筑语言体现中国改革开放的辉煌成果、体现中国人民的民族自豪感。

项目位于北京市东城区东四十条桥西南侧，是由中国保利集团公司旗下的北京新保利大厦房地产开发有限公司作为建设单位投资兴建的综合性商业地产项目。该项目建设用地面积1.06 hm^2；总建筑面积109 997 m^2，地上23层，地下4层；建筑总高度105.1 m，结构形式为钢框架—钢筋混凝土筒体混合结构；建设总投资人民币14亿元；是一座具有国际水准的集办公、银行、博物馆、餐饮、健身于一体的现代化甲级写字楼。

这座集现代时尚科技和中国传统文化于一身的大厦，在建筑上存在几个显著特点：中庭面积1 442 m^2，高90 m，无支撑结构柱，堪称北京第一中庭；镶嵌于大堂中的特式吊楼是国内外高层建筑首次提出并应用的一种新的悬挂结构体系；特式吊楼顶层有两个巨大的铸钢件，每个铸钢件重达60 t，强度高达750 MPa，构件的铸造和安装难度极大，设计师称之为“摇摆机构减震装置”。这是世界建筑史上首次将机械转动减震装置引入高层建筑抗震设计；建筑物的东北立面的柔索玻璃幕墙，是世界上目前面积及跨度最大、最高的柔索玻璃幕墙，堪称“世界第一窗”；作为超限高层建筑，为保证建筑结构抗震性能安全可靠，通过风洞试验、地震振动台试验等，充分保证了建筑物的抗震安全；石材百叶构成的外遮阳体系立面排列自然细腻，是节能舒适和装饰作用有机结合的经典范例；绿色建筑理念贯穿始终，节能技术的广泛应用、建筑方案合理控制建筑体形系数，使得节能效果显著。

新保利大厦的建成使用，也得到国内外建筑界的普遍认可，先后获得2009年度中国建筑质量“鲁班奖”、美国建筑师学会(AIA)优秀设计奖、MIPIM亚太地区房地产交易会最佳写字楼大奖等众多奖项。

東亞銀行

XinCang Tower

凯晨世贸中心

项目位于北京市西长安街与闹市口大街交叉东南角，由SOM建筑师事务所、北京市建筑设计研究院合作设计。工程总投资约30亿元人民币，占地面积约为4.4 hm^2，总建筑面积约194 203 m^2，其中地下部分建筑面积为61 980 m^2，地上部分建筑面积为133 220 m^2。由3个内部独立楼体组成，总高度57.1 m，地上14层，地下4层、局部有夹层，标准层层高为3.9 m，室内净高为2.8 m。各个部分通过体量丰富、错落有致的空中走廊相互连接，营造出独特的室内办公空间。大楼整体规模宏伟，投资巨大，位列2003年北京市确定的60项重点工程之一。

整座楼体中间由两个玻璃中庭和4个玻璃连桥相连接的3栋相互平行的独立写字楼构成。这种处理手法在保证了3个实体部分客户特性的同时，又利用半开敞的玻璃中庭将沿长安街一面的绿化广场和水景引入建筑的中心部分。实体和透空部分相辅相成，并通过采用第二层面将基本外形和透空部分凹进和凸出的设计手法使建筑外形更加丰富。标准室内净高2.8 m，位列北京写字楼单层净高之首。

首层建筑周边共设置了4 675 m^{2}的“环楼水景”，规模在同类建筑中首屈一指。9个水景池环绕建筑底部均匀布置，部分水景池深入建筑外玻璃幕墙内，形成整个建筑浮于水景池上的特殊效果。其独特设计和超大体量成为北京乃至全国楼宇建筑之最。

在主入口两侧，分布了两组旱喷泉水池，与其构成品字形关系，不仅在布局上构成灵动而紧凑的主入口，更让穿行的过客在清脆的水声中放松身心。升起喷池内的喷泉喷头下配备了点发光纤头做为喷泉照明，并可根据要求变换颜色。另外，在水景池内还配置了水下射灯，它是专为位于水面之上的不锈钢金属丝网照。

项目曾获得中国建筑艺术奖、绿色健康示范楼盘、2005年中国建筑钢结构金奖， 2005年度结构长城杯金质奖工程、国家建设部颁发的全球城市建设金牌工程之中国顶级写字楼经典大奖，目前已申报建筑（竣工）工程长城杯。

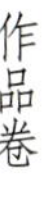

苏州博物馆（新馆）

苏州博物馆新馆位于苏州著名的拙政园西侧，是一座中国地方历史艺术性博物馆。它包括新馆建筑和忠王府古建筑，总建筑面积2.65万m^2，其中新馆建筑面积1.9万m^2。该地块被世界著名建筑设计大师贝聿铭先生称为“圣地”。

苏州博物馆新馆的设计结合了传统的苏州建筑风格。新馆建筑群坐北朝南，被分成三大块：中央部分为入口、中央大厅和主庭院；西部为博物馆主展区；东部为次展区和行政办公区。这种以中轴线对称的东、中、西三路布局，把博物馆置于院落之间，使建筑物与其周围环境相协调。

新馆的色调采用传统的粉墙黛瓦，但表达方式却是全新的。高低错落的新馆建筑中，用颜色更为均匀的深灰色石材做屋面和墙体边饰，与白墙相配，清新雅洁，为粉墙黛瓦的江南建筑符号增加了新的诠释内涵。在新馆建筑的构造上，玻璃、开放式钢结构让现代人可以在室内借到大片天光，屋面形态的设计突破了中国传统建筑“大屋顶”在采光方面的束缚。室内设计部分，包括陈列展览设计均经贝聿铭本人审定，以保证内外风格和所有功能的谐调统一。新馆不仅有建筑的创新，还有园艺的创新，新馆园林造景设计是在传统风景园林的精髓中提炼而出的，由池塘、假山、小桥、亭台、竹林等古典园林元素组成的现代风格的山水园，与传统园

林有机结合，成为一代名园拙政园在当今的创造性延续。

苏州博物馆新馆是贝聿铭先生建筑生涯中的封刀之作，也是贝聿铭先生在中国设计的第一座博物馆建筑，全部工程建设历时3年，它不仅是当今苏州的一座标志性公共建筑，更是中国建筑文化从传统通向未来的一座桥梁，成为引领中国建筑发展创新的一个典范。

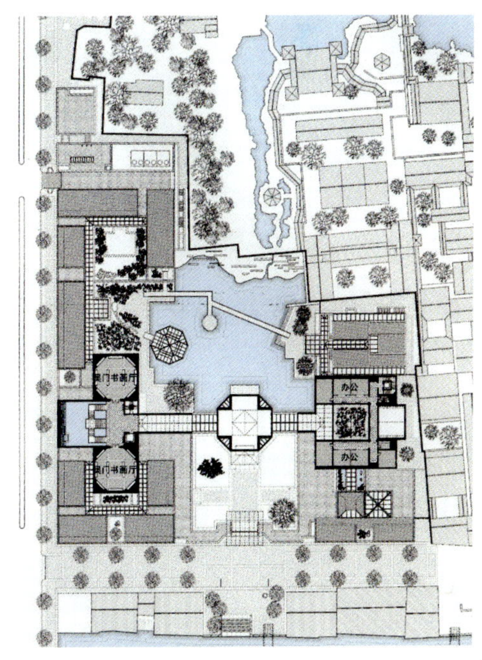

国家大剧院

国家大剧院是建立在功能、技术与艺术完美结合这一主导思想上去进行建筑创作的。它鲜明的个性来源于简洁、和谐、多样性和整体性，从细部到整体一气呵成。总体规划融合了水、绿色空间和人性化建筑的三大主要元素，这些元素共同形成了精美和谐的整体。为改善天安门周围环境带来了积极的影响，在喧闹的城市中心为人们提供了一个自然清新的环境。

国家大剧院内设有歌剧院、音乐厅、戏剧场及小剧场。设计根据4个观众厅预定的音质设计目标、观众厅的空间、追求的装饰风格不同，对4个观众厅各自采用了独特的设计，使声学的构造设计融合于观众厅的建筑总体设计之中，即环境视觉效果与听觉效果得到了完美的融合，达到了在满足音质、视线、灯光等技术要求的同时，呈现给观众一个高雅、新颖的艺术空间的目的，各剧场舞台音响、灯光、机械技术的使用功能与国际接轨，均达到了世界先进水平。在国家大剧院里处处体现着设计通过色彩、质感、光影、透明度等处理手法来增加建筑的艺术感，这些赋予了建筑一种生命力，颠覆了建筑材料静止和凝固于时间和空间的概念；能激发起人的一种感受，一种情感。

国家大剧院不仅重视宏观的建筑效果，而且对微观的细节也是如此，在大剧院随时随地可感受到细致入微的人性化设计。国家大剧院是中国最高艺术表演中心，它的建成不仅为广大市民提供了一个欣赏高雅艺术的殿堂，而且已经成为了首都极具现代感的地标性建筑。

广州白云国际会议中心

广州白云国际会议中心位于广州市白云区白云新城内的原东方乐园，东隔白云大道，与白云山国家名胜风景区和鸣泉居度假中心对望，西以白云机场旧址的机场东路为界，南临东方明珠花苑和广州新体育馆，是目前国内最大规模的集会议、展览、观演、酒店等配套服务设施于一体的大型综合性会议中心。由比利时BUROⅡ建筑事务所、中信华南（集团）建筑设计院联合设计，于2007年竣工。

会议中心总建筑面积31.6万m^2，主体建筑包括B、C、D三栋会议展览中心和A、E两栋东方国际会议酒店。会议中心拥有逾17万m^2的会议场地，其中包括6万m^2的展览场地及各类会议厅堂共65个，此外还包括2 500的座世纪大会堂、250座的主席团专用会议厅和中型会议厅，一间1 200座岭南会议厅、两间500座国际会议厅、21个地级市命名的中型会议厅及其他中小型会议室、东方宴会厅等。

这座建筑打破了超大尺度建筑一贯采取的单一巨大体量的设计方式，构想了一个由线性景观化广场所分隔出的如五个手指般结构的独特建筑形态。曾获得第五届空间结构优秀工程奖和2008年国家优质工程银质奖在内的多项荣誉。2008年在巴塞罗那举办的世界建筑节上，更是从全球12个公共类入围作品中脱颖而出，荣获世界建筑节大奖。

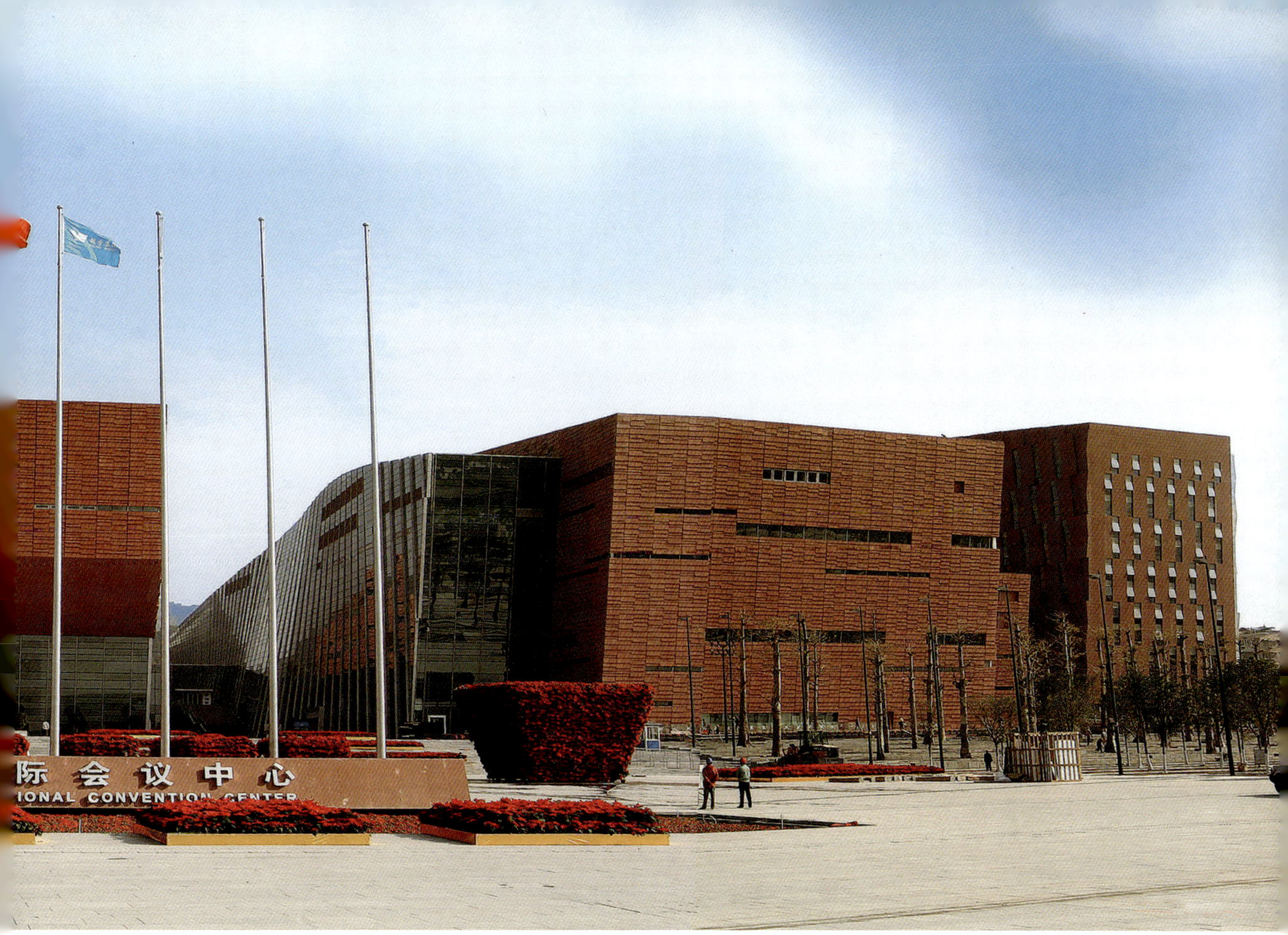
际 会 议 中 心
IONAL CONVENTION CENTER

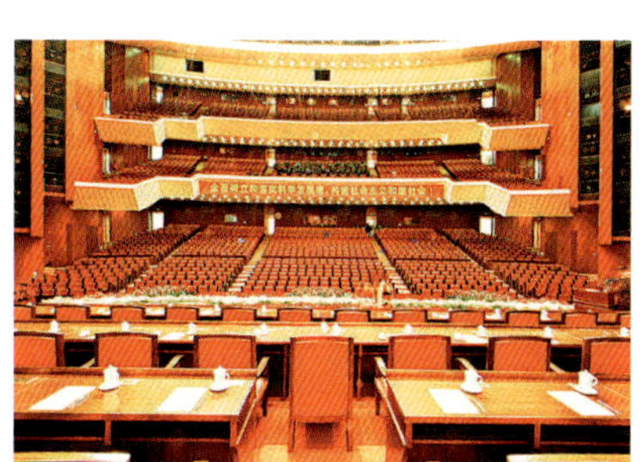

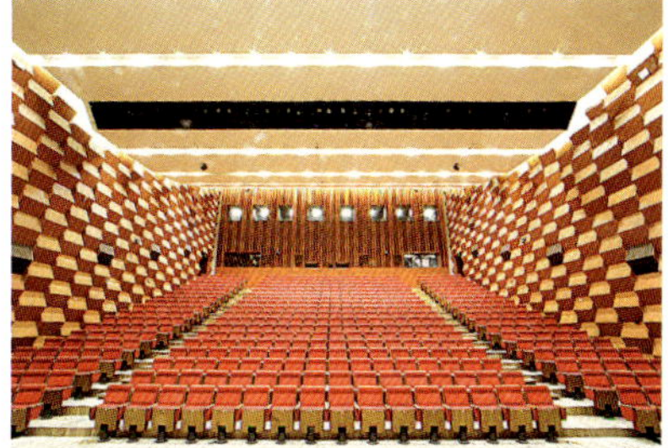

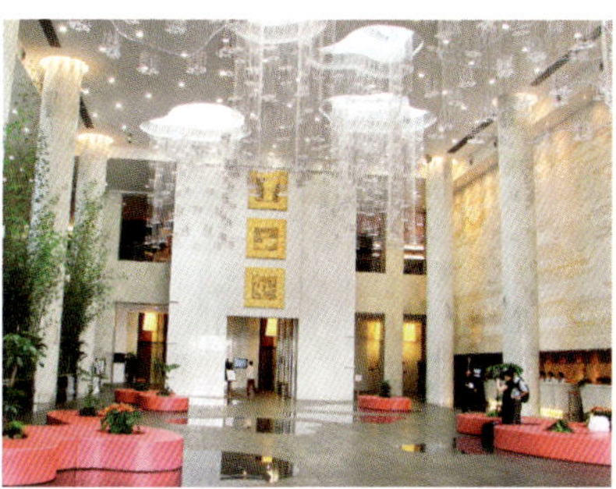

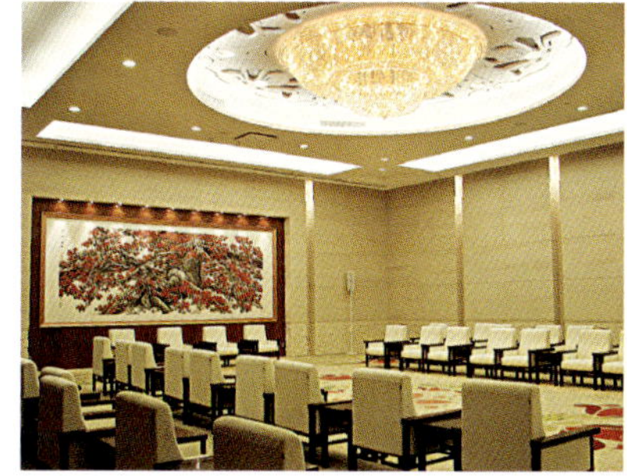

北京首都机场T3航站楼

首都国际机场是目前北京市用于航空运输的唯一大型民用机场，也是中国最大的门户机场和民航运输网中最重要的中心机场。2007年旅客年吞吐量超过5 200万人次，成为亚洲最繁忙的机场，跻身世界十大机场。本次机场扩建将提升首都机场的枢纽功能，满足奥运需求，创造国门新形象。这三大目标的实现将使其成为世界一流的东北亚地区大型枢纽航空港，成为北京这个现代化大都市一颗璀璨的明珠。奥运重点工程之一的北京首都国际机场3号航站楼(T3)，是目前世界上最大的单体航站楼，历经近4年时间建成，于2008年2月29日投入试运营。

在首都机场本期的庞大扩建工程中，T3航站楼的建设成为其中最关键的任务。为了实现目标，机场扩建当局分别就机场扩建规划和新航站楼的设计在全球范围内进行了国际方案征集。由荷兰的Naco公司、英国的Foster and Partner公司和ARUP公司组成联合体提供的航站楼方案赢得竞赛并在深化修改后予以实施。北京市建筑设计研究院机场设计团队作为本土建筑设计团队，受业主和外方团队邀请，共同参与了招标方案之后各项设计深化工作。T3航站楼是机场扩建的主体工程，由线状排列的4个单体建筑组成，由南向北依次为：交通中心(GTC)、T3A航站楼、T3C航站楼、T3B航站楼。在

GTC与T3A之间为楼前进出港道路/高架桥以及连接航站楼与交通中心的通道，在T3A-T3C-T3B之间为连接现有东跑道和新建第三跑道的飞机滑行通道。三座航站楼的进出港旅客和行李均需要利用T3A航站楼的陆侧设施（陆侧交通系统、办票设施、行李提取厅等），为此在三楼之间设有一条旅客捷运系统通道以及一条行李传输系统通道。

航站楼在建筑形式和空间处理中既充满感人的艺术因素，又具备理性的逻辑概念，是诗意和理性的完美融合。为了营造戏剧化气氛，建筑在外形处理上采用一个具有空气动力学曲线特征的三维屋面将三座分离的建筑分别覆盖，并深深地悬挑出外幕墙，特别是在陆侧车道边上空，悬挑达50m之多，超尺度的挑檐既有遮挡风雨和防晒的作用，又制造了一种令人难忘的出行体验。

T3航站楼在中国航空建设史上具有里程碑的意义，它将是中国第一个建成的真正意义上的枢纽机场航站楼，从旅客处理量和枢纽功能上都实现了跨越性的发展。T3航站楼中涵盖了当今航空领域最先进的技术和理念，也是理性与诗意并存的建筑经典之作。

国家体育场（“鸟巢”）

中国国家体育场“鸟巢”建成于2008年6月，位于北京奥林匹克公园中心区南部，西侧为200 m宽的中轴线步行绿化广场，东侧为湖边西路龙形水系及湖边东路，北侧为中一路，南侧为南一路，成府路在地下穿过用地。

“鸟巢”体育场主体建筑为南北长333 m、东西宽298 m的椭圆型，最高处高69 m、最低处高40 m；中间开口南北长182 m、东西宽124 m。主体钢结构形成整体的巨大型大跨度钢桁架编织式“鸟巢”结构，体育场看台为混凝土碗型结构，两部分在结构体系上脱开。屋顶围护结构为钢结构上覆盖双层膜结构，即固定于钢结构上弦之间的透明的上层ETFE膜和固定于钢结构下弦之下及内环侧壁的半透明的下层PTFE声学吊顶。开敞的钢结构网格包围着宽阔的集散大厅，它环绕着碗形看台，是一个开放的城市空间，设有快餐、商店等各类观众服务设施，并设有餐厅层和为主席台观众服务的贵宾接待区和休息区。

“鸟巢”，这件被誉为“第四代体育馆”的伟大建筑作品，见证的不仅仅是人类21世纪在建筑与人居环境领域的不懈追求，也见证了中国这个东方文明古国不断走向开放的历史进程。

北京华贸中心

北京华贸中心坐落于北京东长安街东端，是继国贸中心、东方广场之后在长安街及其延长线上建设的又一个高端商贸中心。这座由三栋高达百余米写字楼、丽思卡尔顿酒店和JW万豪酒店、新光天地百货、购物中心、商业街、华贸国际公寓、商务楼和华贸广场组成的地标性百万平方米超大规模商务建筑集群，已经成为高端、时尚、现代的国际级商圈。它的出现使CBD繁华地段东移，确立了CBD新的商务地标。

华贸中心办公楼由3栋超5A智能写字楼组成，其由西向东分别是28F、32F、36F层数，底部由4层高的裙房联系而成，构成了一个建筑面积30万m^2的庞大办公组群。办公楼面向长安街，并有其面向南侧的步行广场给办公楼提供高端的商业办公氛围。立面造型依据总体规划的逻辑而节制地展开，它通过对现代材料的运用、对塔楼顶部的精心设计及裙楼近人尺度部位与中庭空间的探索，力图以其良好的建筑尺度感，彼此互为联系的建筑空间造型设计而产生既严谨又丰富的建筑设计语汇。

丽思卡尔顿酒店和JW万豪酒店位于华贸中心公建区东端，两座酒店的总建筑面积近13万m^2，共拥有900套客房。华贸酒店是建立在华贸中心总体规划的框架上进行设计的，它充分考虑了管理、运营的使用要求及建筑与城市的和谐关系，并注意与

周边建筑的空间层次过渡及体量的协调。建筑布局与整个项目相邻建筑呼应，并与中央公园成环抱之势。丽思卡尔顿酒店长轴与正北方向成40°夹角，这样客房东南向可以观赏到中央公园的园林景观，朝西北方向CBD商务中心尽在眼前；JW万豪酒店平面成“L”形，客房基本上布置朝南和朝北的方向，使酒店中的每个房间均能获得良好的视野和观景。

华贸中心商业部分主要由新光天地和写字楼裙房部分的购物中心及华贸广场、华贸商业街组成，华贸广场4组小型的商业亭形成的小围合坐落在广场中央，使得广场具有自西向东的延展性，并为丽思卡尔顿酒店和JW万豪酒店提供了优美的环境。华贸新光天地的主体位于沿西大望路的一幢6层高的三角形的建

筑内。地上入口由长廊的分支把人群吸引过来，而来自地铁的人流可直接进入商场地下1层。在商场东侧，就是动静结合的华贸广场，结合屋顶花园，为购物和写字楼人群提供了良好的休息环境。

华贸中心住宅区红线内占地面积6.2 hm^2，共有19栋单体建筑，含国际公寓、商务楼、商业裙房及会所，总建筑面积302 708 m^2，其中地上215 267 m^2，地下87 441 m^2。最高建筑高度81.4 m。概念方案由美国KPF设计公司完成，报批方案及初设施工图设计由北京市建筑设计研究院完成。

北京电视中心

北京电视中心工程位于东长安街延线、CBD核心，是北京2008年奥运会和残奥会的重要配套项目、北京市60项重点工程之一。中心集电视节目制作、播出、传输和多功能服务为一体，总建筑面积20.2万m^2，整体造型新颖别致、高雅大方，是目前电视广播系统功能最全、标准最高的设计之一。工程由日本日建株式会社、北京市建筑设计研究院、北京广电设计院设计。

北京电视中心拥有世界上最大的共享中庭，充分利用空间资源和自然光资源。屋面采光顶根据朝向设置不同的电动遮阳系统，降低空调能耗，达到节能目的。作为数码时代的媒体中心，北电中心机电设备涵盖了30多个系统，均采用环保型设备，可满足365天24小时无间断播放功能要求，充分体现了21世纪智能建筑的特点。

奥运会北京射击馆

奥运会北京射击馆建成于2008年，建筑面积47 626 m^2。北京射击馆最大的特点就是运用最简单最朴素的建筑手法来达到节能和生态的效果。场馆主要从功能出发，因为射击射箭运动对功能的要求非常高，具有特殊的工艺流线的规定。另外，由于射击本身来源于丛林狩猎，因此设计的理念要融入自然，尽量给人一种乡村式的感受。在体量和细部的处理上，达到一种回归自然的效果。

射击运动十分强调比赛条件的均好性，在建筑功能布局上，需要为所有靶位创造尽可能相互均等的比赛条件。资格赛馆采取了4

个靶场分两层竖向叠落的布置方式，1层为25 m、50 m两个半露天靶场，2层为10 m靶、10 m移动靶两个室内靶场。资格赛馆内部从北向南，分别设置靶场射击区、裁判区、观众坐席区、绿色中庭、观众厅等几个功能片段，比赛厅都按照相同的剖面功能关系，水平延伸这种布局关系，保证全部靶位南北向、均好性。为此，资格赛馆的长度达到260 m。在结构设计上，配合上下层靶位的不同宽度模数关系，设置大跨度柱网体系，在同一组比赛靶位内实现无柱空间。为此，采取了23.7 m×117.6 m大跨度无梁预应力楼板的结构布置方式，设置了700 mm厚预应力空心楼板，实现了大跨度的无柱空间，而且防震动效果良好。

建筑整体风格自外延续到内，室内设计中将运动本质的“质朴”、“自然”、“力量”、“平静”等元素加以发挥，体现出“质朴运动精神”、“自然的回归”、“内在力量的再现”这样的主题，呼应建筑“表现原始张力”的弧形语言，并加以强调，成为室内空间设计的控制元素。设计中尽量表现建筑结构自身的质感，对结构材料、构造做法进行真实地再现，强调还原材质自身的表现力，运用了诸如木材、清水混凝土、青石、木地板、卵石等多种自然的材料，传达建筑由外到内统一的建筑语言和一致的建筑人文意境。

当代MOMA

当代MOMA工程位于北京市东城区东直门香河园路一号，总建筑面积221 426 m^2，于2005年11月开工，2008年6月竣工。由美国纽约斯蒂芬·霍尔(Steven·Holl)建筑师事务所、建研科技股份有限公司、北京首都工程建筑设计有限公司设计。

工程设计灵感源自法国绘画大师马蒂斯的名作《舞》，以“穿越城市”为主要目标，环绕、越过和贯穿多面的空间层次，如同盘旋上升的“中国龙”。小区内的9栋塔楼、4栋裙楼，由高位空中大型钢结构连廊连为一体，将地面、空中、地下不同功能的建筑单体有机结合在一起，形成了从居住到商业、从教育到娱乐的立体建筑空间。

在规划、设计、施工各阶段追求“高舒适度、低能耗”的节能效果，追求造型新颖的视觉效果，追求高舒适度的人文关怀效果，在尊重自然的基础上全面提升人居品质。项目建设遵循建设部绿色建筑标准的要求，从减少负荷、可再生能源和自然能源利用等7方面，开发研究了包括“新能源系统”、“能源设备系统”、“外围护系统”、“智能控制系统”等在内的《超低能耗绿

色建筑技术》，小区全年维持室内温度20~26℃，湿度30%~70%，达到了ISO7730国际舒适热环境标准中最舒适热环境的评价指标，而其能耗仅为目前国内普通住宅达到同等舒适度所需能耗的1/3，远低于北京市节能65%的标准。该项目的建筑节能、居住舒适健康水平达到了国际领先水平，为我国超低能耗绿色建筑的发展积累了经验。

金隅家居

国家数字图书馆

国家图书馆二期工程暨国家数字图书馆工程为国家“十五”规划确定的重点文化设施建设项目，由设计单位华东建筑设计研究院有限公司、德国KSP建筑设计事务所设计，建成后国家图书馆馆舍面积达到25万m^2，跃居世界第三位，是世界最大的中文数字资源基地，国内最先进的网络服务基地。

国家图书馆二期工程位于北京市海淀区中关村南大街33号，建筑面积80 538 m^2，檐高27.1 m，分为主楼和车库两部分，其中主楼地上5层、地下3层，为框架剪力墙加巨型钢桁架结构；车库地下2层，为框架剪力墙结构。工程于2005年2月28日开工，2008年9月9日开馆。

整体风格简约、现代，闪闪发光的银色屋顶悬浮于空中，充满了未来感，象征着中国科技和文化不断发展的明天。馆内全开放式的阅览中庭，高度从地下一层直通屋面玻璃顶棚，通透、明亮，其人性化的设计颠覆了传统图书馆的低矮体验。代表历史和中华文化遗产的《四库全书》安放在地下一层的中心位置，与读者仅一面玻璃相隔，向世人展示着它古朴而又深邃的文化气息，与代表未来的数字图书馆形成共生的视觉联系。在功能布局方面，充分结合了其巨型钢结构独有的空间特点与现代图书馆的使用需求，设置的阅览区、研究区、学术区、

艺术区等功能区域布局合理，充分彰显了对读者的人文关怀。

国家图书馆二期工程已荣获北京市优质工程评审委员会颁发的2006年度北京市结构长城杯金质奖、工程建设焊接协会颁发的2008年全国优秀焊接工程一等奖、中国建筑业协会颁发的2008年全国建设工程优秀项目管理一等奖、北京市建设委员会颁发的2006年北京市文明安全样板工地，同时通过了北京市建筑长城杯金质奖的验收，正在进行建设部科技示范工程的验收工作和鲁班奖的申报工作。

北京南站

北京南站位于南二环开阳桥南，占地面积49.92 hm^2，建筑面积为42万m^2。把普速列车、京津城际和京沪客运专线3种不同的运输标准组合在同一个车场里面，共设13站台24股道，使北京南站成为集国有铁路、地铁、市郊铁路和公交、出租等市政交通设施为一体的大型综合交通枢纽。

站房为双曲穹顶，最高点标高40.0 m，檐口高度20.0 m；两侧雨棚为悬索形钢结构最高点31.5 m，檐口高度16.5 m。地上部分长轴500 m，短轴350 m；地下部分长轴397.1 m，短轴332.60 m。地上沿长轴方向两翼部分为各三跨钢结构通透雨棚，中间站房为椭圆形高大建筑，地上两层，地下3层。

北京南站，从上到下依次为：钢结构屋面层；地上高架候车厅层；地面层为火车进站出站层；地下一层中央为换乘区，两侧为车库；地下二层为地铁4号线；地下三层为地铁14号线。集美观的造型和先进的功能为一体的新北京南站，完全实现立体式交通。

北京银泰中心

位于建国门外大街2号，地处北京中央商务区(CBD)核心地带，北临长安街，东接三环路，踞国贸桥“金十字”西南角。其建设与规划，经国务院总理办公会审批，曾连续多年列为北京市重点建设项目。由约翰·波特曼国际建筑设计事务所、中国电子工程设计院联合设计。

长安街两侧建筑限高250 m，北京银泰中心中央主楼高249.9 m、63层，是长安街上的最高建筑。主楼包括环球凯悦酒店集团在大中华地区第一家柏悦酒店（Park Hyatt Beijing）以及现代豪华公寓柏悦居(Park Hyatt Residences)和专属府邸式公寓柏悦府(Park Hyatt Penthouses)组成；两侧对称配置186 m、44层的超甲级智能化写字楼银泰写字楼和人保写字楼，三栋方形高塔品字矗立，呈鼎足之势；悦·生活(Park Life)把三幢塔楼连接在一起，其中4层(地上3层、地下1层)为商业配套设施，荟萃顶级奢华品牌旗舰店、会议宴会设施、中西餐饮和健身休闲等设施，是全新概念的高品位商业、休闲、健康、美食及娱乐生活目的地。

北京银泰中心中央主楼顶部设计灵感来源于传统的中国灯笼。灯笼图案在整个项目多次出现，不仅是中国本土历史文化的象征，也是展望北京光明未来的灯塔。外石材幕墙框架与内玻璃金字塔造型完美结合的灯笼体内是北京柏悦酒店空中大堂和北京最高的餐厅——北京亮。北京银泰中心通过对这一经典标志的现代诠释，完美演绎了中国灯笼照亮CBD的雄伟气魄，成为“世界看中国，中国看世界的窗口”。

位于南裙房的屋顶花园酒吧采用“宋代营造法式”，无论是建筑形式，节点构造，材料选用等主要设计元素都严格遵循宋代传统的建筑格局设计，但挑檐的长度、斗拱的变化以及室内精装修的配饰又不拘泥于古法，推陈出新，是现代工艺对古典主义一次巧妙的解析。

北京银泰中心工程通过新技术的应用和施工工艺的不断改进，获得了2005年北京市结构长城杯工程金质奖、2005年中国建筑钢结构金奖以及北京市文明安全工地样板称号、北京市消防安全先进单位。目前正在申请鲁班奖、建国60周年中国优秀建筑大奖等奖项。

中央美术学院美术馆

中央美术学院新美术馆是由日本建筑师矶崎新（Arata Isozaki）设计，位于望京花家地南街8号中央美术学院内校区用地东北角，建筑占地面积3 546 m^2，总建筑面积14 777 m^2。2008年3月竣工，是中国最具现代化标准的美术展览馆之一。

设计师矶崎新先生具有丰富的美术馆设计经验。他一共设计了12个美术馆，其中巴塞罗那奥林匹克体育馆是他的代表作之一。中央美术学院的美术馆是矶崎新在北京的第一项设计，也是他在中国设计的首座美术馆。他在这个美术馆的设计中追求自由和超越。在技术方面，美术馆的设计超过了他以往所有的作品；在思想上，表现得更为自由。矶崎新非常熟悉东方文化，他设计的美术馆体现着东方化的特色，同时又融入了现代的设计理念，难能可贵的是该部分设计与原有的深灰色的院落式建筑风格相协调，可谓国内一流。

美术馆建筑呈微微扭转的三维曲面体，天然岩板幕墙，配以最现代的类雕塑建筑，展现中央美术学院内敛低调的特质，同时也与校园内吴良镛先生设计的深灰色彩院落式布局的建筑物充分融合及协调。美术馆总面积为14 777 m^2，地上4层，地下2层，局部地下1层。展览及陈列面积共4 150 m^2，其中2层为固定陈列展，展示古代书画和美院资深教授的赠画藏品，以及当今美院在籍教

授的作品；企划展厅设置在3～4层，均为天光围幕的敞开式现代化展厅。3层11 m高的展厅可为当代艺术展览提供充分的展示空间。美术馆藏品库房位于地下2层，1 120 m^2，采用国际最新信息技术和数字化管理，在软硬件方面均可达到国际水准。公共服务设施主要位于1层，其中报告厅可容纳380人，为学术研讨、专题讲座及新闻发布会等提供了便利场所。其他公共服务设施还有服务台、咖啡厅、书店等。

上海环球金融中心

上海环球金融中心是以日本的森大厦株式会社（Mori Building Corporation）为中心，联合日本、美国等40多家企业投资兴建的项目，总投资额超过1 050亿日元（逾10亿美元）。原设计高460 m，工程地块面积为3 hm^2，总建筑面积达38.16万m^2，毗邻金茂大厦。1997年年初开工后，因受亚洲金融危机影响，工程曾一度停工。2003年2月工程复工。但由于当时中国台北和香港都已在建480 m高的摩天大厦，超过环球金融中心的原设计高度；而日本方面兴建世界第一高楼的初衷不变，故对原设计方案进行了修改。修改后的环球金融中心比原来增加7层，即达到地上100层，地下3层，楼层总面积约377 300 m^2。

大楼楼层规划为地下2楼至地上3楼是商场，3~5楼是会议设施，7楼至77楼为办公室，其中有两个空中门厅，分别在28~29楼及52~53楼，79~93楼是酒店，将由凯悦集团负责管理，90楼设有两台风阻尼器，94~100楼为观光、观景设施，共有三个观景台，其中94楼为“观光大厅”，是一个约700 m^2的展览场地及观景台，可举行不同类型的展览活动；97楼为“观光天桥”；在第100层又设计了一个最高的“观光天阁”，长约55 m，地上高达472 m，超越加拿大国家电视塔的观景台，也超过杜迪拜的迪拜塔观景台（地上440 m），成为世界最高的观景台。

CCTV新址

CCTV新址工程是建国以来国家建设的单体最大的公共文化设施，也是2008年北京奥运会的重要配套设施之一，并将成为北京市重要的标志性建筑和重要的文化景观。

CCTV新址位于北京市朝阳区东三环中路，紧临东三环，地处CBD核心区，占地1.97 hm^2，总建筑面积约55万m^2，建筑最高234 m，工程建设总投资约50亿元人民币。建设内容主要包括：主楼（CCTV）、电视文化中心（TVCC）、服务楼及媒体公园。

专家评委认为这是一个不卑不亢的方案，既有鲜明的个性，又无排他性。作为一个优美、有力的雕塑形象，它既能代表新北京的形象，又可以用建筑的语言表达电视媒体的重要性和文化性。虽然在耗资巨大方面颇有争议，但其结构方案新颖、可实施，必将会推动中国高层建筑的结构体系、结构思想的创造。

2010年上海世界博览会中国馆

中国2010年上海世界博览会主题为“城市，让生活更美好”，副题包括“城市多元文化的融合、城市经济的繁荣、城市科技的创新、城市社区的重塑、城市和乡村的互动”。

城市是人创造的，它不断地演进演化和成长为一个有机系统。人是这个有机系统中最具活力和最富有创新能力的细胞。人的生活与城市的形态和发展密切互动。随着城市化进程的加速，城市的有机系统与地球大生物圈和资源体系之间相互作用也日益加深和扩大。人、城市和地球三个有机系统环环相扣，这种关系贯穿了城市发展的历程，三者也将日益融合成为一个不可分割的整体。

本次世博会的主要目标是：提高公众对“城市时代”中各种挑战的忧患意识，并提供可能的解决方案；促进对城市遗产的保护；使人们更加关注健康的城市发展；推广可持续的城市发展理念、成功实践和创新技术；寻求发展中国家的可持续的城市发展模式；促进人类社会的交流融合和理解。

中国馆建筑外观以“东方之冠”的构思主题，表达中国文化的精神与气质。国家馆居中升起、层叠出挑，成为凝聚中国元素、象征中国精神的雕塑感造型主体——东方之冠；地区馆水平展开，以舒展的平台基座的形态映衬国家馆，成为开放、柔性、亲民、层次丰富的城市广场；二者互为对仗、互相补充，共同组成表达盛世大国主题的统一整体。国家馆、地区馆功能上下分区、造型主从配合，形成独一无二的标志性建筑群体。

参考文献

[1] 《建筑创作》杂志社.北京十大建筑设计.天津：天津大学出版社，2002.

[2] 龚德顺，邹德侬，窦以德.中国现代建筑史纲.天津：天津科学技术出版社，1989.

[3] 邹德侬.中国现代建筑史.天津：天津科学技术出版社，2001.

[4] 邹德侬.中国建筑五十年.北京：中国建材工业出版社，1999.

[5] 王弗，刘志先.新中国建筑业纪事(1949–1989).北京：中国建筑工业出版社，1989.

[6] 陈保胜.中国建设四十年——建筑设计精选.上海：同济大学出版社，1992.

[7] 王世仁.中国近代建筑总览·北京篇.北京：中国建筑工业出版社，1993.

[8] 同济大学，清华大学，东南大学，天津大学.中国近现代建筑史.北京：中国建筑工业出版社，(出版时间不详).

[9] 《中国建筑史》编写组.中国建筑史.北京：中国建筑工业出版社，1993.

[10] 岭南建筑丛书编辑委员会.莫伯治集.广州：华南理工大学出版社，1994.

[11] 杨永生，顾孟潮.20世纪中国建筑.天津：天津科学技术出版社，1999.

[12] 崔愷.中国建筑设计研究院成立五十周年纪念丛书1952–2002（作品篇）.北京：清华大学出版社，2002.

[13] 首都建筑艺术委员会，北京日报社.首都新建筑.北京：北京出版社，1995.

[14] K.弗兰姆普敦.20世纪世界建筑精品集锦.北京：中国建筑工业出版社，1999.

[15] 谭威，柳肃.20世纪50年代中国建筑的民族形式复兴.南方建筑，2006(3).

[16] 马银龙，姚远.走向现代新建筑——近代中国建筑创作的评价与启示.华中建筑，1998(2).

[17] 张复合.中国近代建筑史研究之回顾与展望.南方建筑，1994(2).

[18] 杨秉德.中国近代建筑史分期问题研究.建筑学报，1998(9).

编前编后：希望是“建筑中国60年”的全记录

作为一贯瞩目中外建筑设计发展历程及思辨的《建筑创作》杂志社，早在2003年起便与《中国建设报》合作，先后推出时论文集系列“点击中国建设”，由于它们的前瞻性、文献性、批评性，使三个年度“点击中国建设”的《温故2003·启示2004》、《回眸2004·影响2005》、《铭记2005·倾听2006》深受业内外欢迎；尔后又在中国建筑学会建筑师分会的大力支持下，先后再推出“品牌年刊”《中国建筑设计年度报告》（2005—2006年版及2006—2007年版），它们不仅在理性上更趋成熟，更通过对业内大事的追踪、评述及记录，有效地宣传了中国建筑师及其作品的年度总结。

2008年12月正值中国改革开放30周年，《建筑创作》杂志社在忙碌完历经四年之久的第29届奥运会的图片、书刊专业化出版任务后，全力投入《1978~2008　中国建筑设计三十年》一书的策划、编撰之中。感谢北京市建筑设计研究院老院长、原城乡建设环境保护部叶如棠部长的题写书名；感谢中国建筑学会理事长、原建设部副部长宋春华的序言；感谢近百计的单位及学者的积极参与，从而使该书问世后获得强烈的社会反响。中国工程院院士张锦秋认为，该书的出版在建筑界是第一的作为，它大胆地填补了行业的“空白”，同时《建筑创作》杂志2008年第12期也刊发专辑纪念中国建筑设计30年的征程，应该说也从理论与实践两大层面书写了中国建筑设计的新篇。事实上，也恰恰在此阶段，时代要求建筑传媒人思考中国建筑设计发展的“大事”及“要点”。如何言说建筑中国，如何评价1949年—2009年60载时光中的建筑中国，是我思考良久的命题，如何将中国建筑60年这一甲子的思想与作品串起来更是个极为复杂的事。为此我先后作了一系列研究笔记计有《建筑中国六十年的历史如何书写》（《中国建设报》2008年10月7日）、《中国建筑设计改革30年的事件与作品述评》（《中国建设报》2008年11月25日）、《新中国建筑文化遗产谁来保护》（《中国建设报》2008年12月18日）、《建筑中国六十年建筑媒体该如何作为》（《中国建设报》2009年2月5日）、《北京当代新十大建筑评选理念及方法建言》（《中国建设报》2009年6月1日）等。它们均成为以《建筑创作》杂志社为主策划“建筑中国六十年系列丛书”的标志及要义。下面试从几方面阐述对该系列丛书的策划及组织编撰的要点。

1. 力求准确的主题策划

2009年5月《中国新闻出版报》全文刊发了中宣部、国家新闻出版总署的批复意见，已将“建筑中国六十年系列丛书”定为全国百部新中国庆典图书之一，这本身是对该策划的褒奖，是对该系列丛书在学术价值、出版意义上的肯定。对于该系列丛书的策划我以为还有两个“事件”要提及：

其一，2009年元月19日在由我刊主办的“第四届建筑师与媒体面对面及新年论坛”上，首发了

《1978~2008 中国建筑设计三十年》及马国馨院士的《建筑求索论稿》两书，我谈出了要做“建筑中国60年”的主题系列活动的设想，近30家专业及大众媒体记者共同探讨着这个主题。我以为建筑中国60年的道路，不仅有建筑创作者的坎坷，更有以作品和事件构成的几代中国建筑师、工程师们的精神档案。这里不仅有一座座城市建设成就的丰碑，更有一段段亦苍凉亦悲喜的生动故事。我们完全可从建筑前辈及大家身上感受到特有的精神轨迹，这能使当今的建筑师从中感悟到何为正本清源，何为深度诠释，何为永恒的可繁茂生长的中国建筑设计精神。据此我还以为，只有图书才能有效梳理建筑设计从人到物的历史。为此在2009年4月23日，我们成功举办了第二届中国建筑图书奖的评选，全面展开对1949年—2009年60载建筑图书的评选，并举办了大型建筑图书展——“用图书镜像建筑”。此举的意义超越了图书本身，呈现了用图书展示中国建筑设计60年历程的构想。

其二，前不久围绕从中央到地方（含北京）的60年城市标志性建筑或新十大建筑的评选，与某高校建筑学院高年级学生召开了一次“建筑师茶座”，面对层出不穷的“地标建筑”之评比，学生们有许多新见解，其中不乏反对新、奇、特、怪的种种说法，但令我不解的是有不少的学生不了解新中国第一个10年的“国庆十大工程”的项目，甚至除梁思成外已说不出多少老一辈建筑师的名字，更有的同学对已奉为建筑经典的诸如北京民族文化宫之类的新中国建筑视为应批判的反例。对此，我以为，根源不在学生，而在于我们的建筑教育史料太陈旧。为什么迄今新中国成立已经60载，我们的建筑史及其教育不能跟随时代而丰富些呢？所以，利用新中国60年建筑盘点的时机，大力宣传并审慎分析中国建筑设计的国际化及其走向显得十分必要。因为中国建筑师及其作品应该被褒奖，中国老一辈建筑师及其业绩应该被人知晓。

2. 书写“建筑中国六十年”是责任是使命

老实讲，无论是作为个人还是《建筑创作》杂志社，均未接到要“盘点”中国建筑设计60年的任务，但为什么我自身有某种负重感呢？恐怕是责任，恐怕是由于这些年从事前瞻性传媒工作所具有的自觉意识。事实上，在2006年12月出版的“中国工程勘察设计五十年”丛书第四卷《建筑工程设计发展卷》中笔者应邀完成了第一章《综述》，其中概述了中国建筑设计50年，特别从7个方面探讨了中国建筑设计50年的基本经验。它们主要是建筑设计理论、建筑设计的创新、中国建筑和建筑师在世界上的地位、工业建筑的发展、建筑艺术水准、中外合作设计、特大型建筑工程项目等。我以为对中国建筑设计60年而言，不是只在过去“编年史”上增加21世纪以来的一大批新建筑，而是要从整个国家及城市文化的视角再去品评其新概念，并从中发现一批新建筑背后所反映的城市化进程及其新“风景”。

建筑中国60年的建筑分析不是独立的，它有赖于业内系统化的城市化演变评析，这种评析会使新建筑的出现变得有所依据。从大的视角看，新中国成立以来中国城市化经历了两大历程。其一是1949年—1979年的曲折历程，其中有正常上升期（1949年—1959年）、剧烈波动期（1958年—1965年）、徘徊停滞期（1966年—1978年）。其二是改革开放以来的城市化，我国城市人口比例从1980年的19.39%，提高到2000年的36.22%，超过了印度和一批低收入国家水平。但必须承认，在20世纪90年代迄今的时段中，虽然城市化率不断上升，但出现了不少没有特色的城市：大江南北，一眼望去，无论是办公建筑，还是大学校园类的作品，都太雷同，缺少个性设计的项目钻了加快城市化建设的“空子”，社会以最小的代价获取最大利益的浮躁心态，使建筑丧失了传承文化的功能，变成了不能表达语义的“同义词”的堆砌。城市里到处是“欧陆风格”的建筑，越来越无法掩饰住建筑文化本身内涵的贫乏。也有国内评论家在总结50年前的大城市建筑时说，面对城市面貌的巨大变化，喜之者欢呼其为“日新月异”，而厌之者称其为“面目全非”；而基本上国外对截至20世纪末新中国建筑的高度评价也一直停留在如北京50年代“国庆十大工程”等少数项目上。必须承认，是新北京、新奥运的追求，给北京城市面貌以几个点上的新奇变化。在奥林匹克公园出现了令世人瞩目的“国家体育场”、“国家游泳中心”、“国家体育馆”三大特色项目；在北京CBD出现了华贸中心建筑群及在颇受争议中胜出的CCTV大厦；而长安街上的国家大剧院“巨蛋”因其建筑与艺术、建筑与音乐的完美结合，也说服并启示了一大批传统观念影响下的不拥护者。如今它们已成为用建筑塑造并反映北京城市精神的项目，它们的品质及影响力越来越为世界所承认，不仅是中国北京当之无愧的标志性建筑，也令世界建筑界所仰慕。在用建筑项目去“盘点”历史的过程中，尤其发现我们之所以似乎找准了建筑创作的方向，其功绩得益于改革开放的国家精神，得益于我们广博地吸收并发展自身的建筑文化，得益于理性对待国外合作设计背景下的原创设计能力的再挖掘，这些都是有待于总结的建筑设计的发展史料。

当今，学术界有些令人担忧的情况，核心是学者缺乏社会责任感。本系列丛书强调：只有社会责任感，才会带来创新意识；只有社会责任感，才会将编撰工作视为一项服务于行业与社会的伟业而甘愿付出；只有社会责任感，才会无所畏惧形成可贵的求索精神；只有社会责任感，才会在著述中关注城市重大问题，进行科学而客观的分析，才会体现出学者及编者的社会职责。

3.“建筑中国六十年系列丛书”的分卷设计

中国建筑60年的历程是极其不平凡的，这不仅仅因为建筑作品是壮丽的画卷，更在于事件、人物、评论、图书、设计机构乃至分门别类的建筑的覆盖广博、史实发展与演变、建筑风格溯源、评述多元化等特点。最初设想的编撰体例是“60年作品+60位建筑师+60年命题”。但自“第二届中国建筑图书奖”评选公告发出后，特别是在马国馨院士和资深建筑学编审杨永生的鼓励下，才最后确定了如下内容。

“建筑中国六十年系列丛书”的宗旨：要让新中国60年建筑的经历不仅真正成为一种思想和

精神的财富，还要呼唤反省并回顾机制。因此，“建筑中国”一词具有新中国大厦奠基与新中国建筑作品建设的双重含义，前者更具宏观的精神，后者具有扎实的工程意义，为此该系列分成7卷。

第一卷 事件卷：《建筑创作》杂志已于2009年第1期始开辟“建筑中国六十年”专栏，其中用了5期全面盘点了60年建筑的大事记。我们的宗旨是不找寻与建筑相关的最喜之事、最痛之事、最悲之事、最奇之事等，而是忠实记录并总结那些60年来最可引发建筑界动荡、最令建筑界思考、最可代表建筑界社会贡献及影响力的事件，并从中汲取到力量。因此，本书的目的不仅是对业内负责，也希望公众从中倾听到来自建筑界的声音，并从中发现新闻点、文化点及知识点。为此，作者对事件的选取原则，不仅仅是建筑本身，还涉及与建筑相关的城市、文化、经济、社会等方面，并按时间之轴展开富于历史感的“图景”描述，并附有事件及事件延拓的各类文章。

第二卷 机构卷：机构学研究表明，设计单位是设计行业发展的根基。中国建筑设计60年，设计机构经历了事业型、事业单位企业化管理、事业改企业、建立现代企业制度等多个阶段。从发展模式上讲，国际通行的设计咨询模式，以美、欧为主的是国际大型工程公司、工程咨询设计公司、专业事务所。其中事务所是基础的、数量最大的、最普遍的设计单位组织形式。本书不仅综述了设计机构的演变史，还透析了工程设计机构的改制思路，进而给出有启发性的设计机构成功发展的数个丰富个案。

第三卷 作品卷：建筑学家邹德侬教授认为，建筑理论支持优秀作品。新中国建筑设计60年来，中国日益成为世界最大的建筑市场和工地，然而除华裔建筑师及当今某些实验型建筑师外，中国尚未出现与大国相匹配的令世界公认的优秀建筑大师。纵观各大出版社的建筑师作品集不下几百种之多，但我们缺少的是有创作观及理论支撑的作品集，只有这种作品集才能不仅指导创作，更指导创新意义上的深度实践。本书站在60年的历史视角上，通过作品评述及作品“鉴赏”分别对中国建筑代表作品给予褒奖、评析及反思。

第四卷 人物卷：用“代际”对建筑师进行群体性的命名与描述，似乎已成为当代建筑师研究的思维方式。纵观新中国60年的建筑师，无论是已过世的梁思成、刘敦桢，还是当代最活跃的中青年新秀，他们都留下求真、传道的魅力，通过对他们的介绍，不仅会有盛大“景观”的发现，更富于对深幽人性的一种砥砺。盘点新中国60年建筑的人物大系，已感到不少前辈的名字不仅社会生疏，甚至连业内的青年建筑师也未曾听说过，因此，本书采取口述历史等表达方式，去挖掘并追溯团队在那段时光中留存的属于中国建筑的珍贵“故事”，还以历史的本来面目，并摆脱“集体创作”的束缚。本书的编撰执著而不盲从、质疑而不虚妄，坚持一种追根究底的胆识及勇气，意在发现几代建筑师充满历史逻辑感的创作轨迹。

第五卷 评论卷：大国的崛起不仅仅表现在科技发达、物质丰裕及军事强盛，在很大程度上也应该体现于文化的繁荣，在这方面评论及批评的作用不能小视。以历史的眼光看，新中国60年，伴随着我国经济社会发展的一次次变革，建筑及建筑评论也成为社会敏感的神经，建筑评论形成了一个双重变奏式的嬗变发展曲线。2001年郑时龄院士出版《建筑批评学》，迄今成为我国第一部关于建筑批评的高水平学术专著。2003年3月创刊的《建筑创作》随刊《建筑师茶座》迄今已出版近80期，围绕建筑与建筑师、建筑与社会、建筑与文化展开了数十个专题，参与评论的建筑师及相关艺术家已超过500人，凸显了思想敏锐、观点鲜明、文笔犀利的大家风范。随着"茶座"的"开张"，我们更注重批评的姿态及方式，讲求批评的策略，坚决避免说"官话"及"一言堂"，给尖锐的批评声以阵地，并有意要形成评论"风暴"。实践中越发悟到：正确的建筑评论应坚持辩证观，避免批评的误解及误用，即坚持肯定与否定、真实澄清与价值判断、理论与实践相结合的批评方式。不仅增强批评的实效性，还要有鲜明的价值判断，如进入21世纪的新中国60年建筑评论，就不该忘记反思"大跃进"那些事，虽然许多做法是经济浩劫或称"建设性破坏"，虽然许多回溯与记忆已是一段段灰色调的，但其反思要点是要提醒人们决策民主化、科学化及公开化，任何城乡建设盲目追求"政绩"的"跃进式"做法都是不合理的。本书从这个层面选取了不少正反两方面的评论文章，重点不仅在记忆，更希望让读者看清建筑行业走过的60年的道路。

第六卷　遗产卷：同城乡新建筑不同，针对新中国60年建筑的《遗产卷》的确立有诸多考虑。首先是国家文物局单霁翔局长3本著作的启发：《城市化发展与文化遗产保护》（2006年6月版）、《从"功能城市"走向"文化城市"》（2007年6月版）、《从"文物保护"走向"文化遗产保护"》（2008年11月版）。他几次对我们强调要借全国第三次文物普查之机，整理新中国60年来尚未进入各级政府重点文物保护单位的建筑名录，这不仅对于全国文物普查有益，更对于推进建筑文化遗产保护有价值。此外，几年来北京、南京、天津、深圳、武汉、重庆等城市对文化遗产的"建设性破坏"个案都要求要强化城乡建设的文化遗产保护观念的普及与再教育。纵观新中国60年文化遗产建设的风风雨雨，虽屡有建树，但更屡见挫折。因此，本书的使命在于不仅要确立"建筑文化遗产"的理念，并梳理好60年文化遗产建筑在保护修复技术上的业绩与经验，也要指出若干教训与不足，借鉴国外成功做法，从而盘点出一份有参考价值的新中国建筑文化遗产保护名录。

第七卷　图书卷：从书本上学历史是一回事，从书本上读建筑历史则是另一回事。《图书卷》是一部讲说新中国60年建筑"图书史"的书，它并非如钟芳玲博士所著《书店风景》（中央编译出版社，2008年10月版）倡言的要定格住书店随时代而变的"风景"，而是要从审视丰厚的书页中，感悟到新中国60年建筑图书的发展历程。虽然每个时代都有自己的声音，但建筑图书所展示的作品及建筑学人的思想独白却可记录我们这个时代那不可磨灭的思想脉动。尽管我们的全部努力是求得用图书之窗展开建筑中国60年的作品、事件、人物、思潮等的记忆，但面对历史巨变，我们至多只能把握住一些“小书”或“小事”，书目也未必能全部囊括，但我们相信这本《图书卷》是“沧海一粟”，我们的努力是在彰显一种力量，即用建筑的阅读形成“抵抗遗忘本身就是一种道德的力量”。

4.“建筑中国六十年系列丛书”的自我评价

作为该系列丛书的策划者本不该自我吹嘘，但面对国家项目，面对犹如新中国的科技与文化档案，我以为该有勇气对已有成果做出定位与评介，这本身也许算是一种自我鉴定吧。

从学术及文献价值上看，该系列丛书有如下特点：

其一，该系列图书的创作本身就呼唤了久违了的文化原创力。文化的原创是文化生存发展的基本动力。尽管60年来中国的建筑设计作品呈现了前所未有的繁荣局面，但“跟风”现象也日益严重，相当多的项目有风格但缺少技术，从本质上反映出对国家建筑设计方针贯彻得不力，本系列的《事件卷》在此方面做出探索，使中国建筑设计60年的史实还原为真实的轨迹。

其二，该系列丛书力求达到较高的学术水准。其《作品卷》不仅划分出中国建筑创作的阶段，还细致盘点并归纳了经典中国建筑设计作品个案，尽管用21世纪初叶的观点看，有些项目技术与创作风格还有些过时或保守，但恰恰这一点才使整个“作品集”丰富且全面，才能从理论和实践上反映出中国建筑设计60年的新水平。

其三，该系列丛书的成功之处还在于盘点了中国有代表性的建筑设计机构。在全国1万多家设计机构中，近10年来由于外资及民营事务所的出现，极大地丰富了设计市场的环境，也重新划分了设计市场竞争的份额，它本质上带来了中国建筑设计管理的革命。

其四，“建筑中国60年”的历史是作品的历史，更是建筑师、工程师奋发成长的历史。历史总是日日翻过，页页翻过，但建筑师应留下他们的名字。该系列丛书的《人物卷》较充分地描述了这些建筑人物。尽管我不能说所列的人物有绝对权威，但它体现出作者史料新鲜、别具只眼、突出中青年建筑师的选取原则。在他们中间不仅有建筑师，还有高校著名教授；不仅有建筑设计大师，还有不少富于潜力的青年建筑师。正是靠《人物卷》的山垒海积的作品与创作理念之说，使本书的学术性及文献性较为扎实。

从建筑文化层面及借鉴性看，该系列丛书有如下特点：

其一，它用大量第一手整理的研究及采访素材，精彩勾勒出新中国60年的建筑文化概貌，如《遗产卷》，真实而客观评述了1949年来建筑文化遗产保护与发展历程，还大胆提出了以“历史、艺术、科学价值”为尺度的评价标准，从而使内容翔实且科学。

其二，丛书的《图书卷》开启了全面梳理中国建筑文化与学术历程的工作，用图书在文化上作总结，意在让历史经验照亮中国建筑文化的前程，用图书打开中国建筑设计历史之窗，因此，影响力才会深远和扎实。在介绍由第一、第二届“中国建筑图书奖”发端的种种努力的同时，还用一定篇幅评价了作为建筑幕后“英雄”的一代代编辑者，从而形成并倡导着一个意义深远的建筑传播学的多层次模式。

其三，建筑评论伴随着新中国60年一直是业内外关注的大问题。从文化上讲，中国建筑文化之所以普及差、认知率低，在很大层面上与我们几十年来不注重建筑评论的缺憾有关。本丛书的《评论卷》未堆砌华丽辞藻，也未作夸大其词的渲染，它从尊重历史的观点出发选取了不同时代的建筑评论文章，在把握主旋律的同时让读者体会到与时代同步的中国建筑评论的发展，构筑起中国建筑文化的思想体系。

总之，这是一部以建筑的名义向新中国60年华诞致敬的大型系列出版物，它不是一套类似于建筑师随笔的个人情绪化的“小书”，而是集中反映“建筑中国60年”历程中的记忆、语言、文字、图片等精神财富的“大书”，不仅反映了建筑随时代变迁的发展，更可成为珍贵的建筑记忆及“教科书”，可看到中国一代代建筑师不无坎坷、在艰难中奋进的身影。

感谢住房和城乡建设部、北京市各级领导的大力支持，感谢中国建筑学会及建筑师分会对该选题的肯定与指导，感谢马国馨院士、资深建筑学编审杨永生，北京市建筑设计研究院朱小地院长、张宇副院长、邵韦平执行总建筑师等对本系列丛书方向从始至终的把握，更感谢《建筑创作》杂志社出任各分卷执行主编及美编的全体同事们的理解与全身心的投入，我深深为他们的工作精神、工作态度和效率而折服。这里还要感谢出版者天津大学出版社杨欢社长、韩振平副社长及每卷的责任编辑，没有他们超乎寻常的合作精神，这部“巨著”的出版是完全不可能的。这里也向更多应感谢的难以说全名字的作者及贡献者致敬，因为我们大家共同为“建筑中国60年”的伟业做了一件有价值的事。这里尤其要申明的是：为使这套缘于学术机构策划的丛书能尽可能代表中国建筑发展的历程，并替中国建筑60年经验总结做实事，七个分卷的执行主编在过去的十个月间倾力致函并联系全国各院及建筑师。但迄今遗憾地发现尚有部分单位及个人没有反馈，由于出版时间的要求，我们也只好忍痛割爱了，在此对本丛书未能囊括的内容深表歉意，只好待再版时补正了。同时，我也对本丛书在采编、访谈、资料整理、文字加工及版式设计诸方面尚存的不足深感惶恐，敬请各界多多指教。

愿本文成为全体编者的心声，愿该系列丛书为中国建筑60年留下有深度价值的“全景”记录。

金 磊

中国建筑学会建筑师分会理事

BIAD传媒《建筑创作》杂志社主编

2009年7月